飞行控制前沿技术丛书

机载主动防御中的多约束制导与优化

闫星辉　匡敏驰　史　恒　黄英志　著

科 学 出 版 社

北 京

内 容 简 介

本书系统深入地论述机载主动防御中的多约束制导与优化原理、模型、理论及仿真验证。全书共 7 章，首先概述飞机主动防御技术的新进展，引出基于防御弹的主动防御技术路线中的关键技术，即防御弹的气动外形高效优化技术和多约束制导技术；建立基于数据驱动的高效气动优化框架，设计机器学习技术在气动优化领域的运用方法；建立基于计算几何的多约束轨迹规划模型，研究多约束飞行条件与参数化轨迹的映射机理。针对传统气动优化方法难以兼顾计算效率和全局寻优性能的问题，提出基于深度强化学习和迁移学习的气动优化方法，并通过仿真验证相关技术；针对传统制导律难以拦截高速高机动来袭弹的问题，提出基于可达集分析的协同拦截制导方法，并通过仿真验证相关技术。本书突出前沿学科交叉和工程应用背景，力求使广大读者快速掌握和应用机载主动防御中的制导与优化理论、方法和技术。

本书可作为航空宇航科学与技术、控制科学与工程等相关学科科研工作者、工程技术人员和高等院校师生的参考书。

图书在版编目(CIP)数据

机载主动防御中的多约束制导与优化／闫星辉等著 . —北京：科学出版社，2025.6
（飞行控制前沿技术丛书）
ISBN 978-7-03-078315-8

Ⅰ.①机⋯　Ⅱ.①闫⋯　Ⅲ.①飞行器-制导系统-研究　Ⅳ.①V47

中国国家版本馆 CIP 数据核字(2024)第 071822 号

责任编辑：张艳芬　杨　然／责任校对：胡小洁
责任印制：师艳茹／封面设计：无极书装

科 学 出 版 社 出版
北京东黄城根北街 16 号
邮政编码：100717
http://www.sciencep.com

三河市春园印刷有限公司印刷
科学出版社发行　各地新华书店经销
*
2025 年 6 月第　一　版　开本：720×1000　1/16
2025 年 6 月第一次印刷　印张：13 1/4
字数：267 000
定价：130.00 元
（如有印装质量问题，我社负责调换）

"飞行控制前沿技术丛书"编委会

"飞行控制前沿技术丛书"序

飞行控制技术,作为现代航空航天装备的神经中枢,是实现高机动飞行及复杂任务执行的核心支撑,更是衡量高端装备创新能力的战略制高点。目前,我国航空航天装备的发展已迈入自主创新的深水区,大飞机振翅翱翔、新型战斗机在推力矢量控制及超机动飞行方面取得关键性进展。新一代航空航天装备的发展,对我国飞行控制技术提出了从"跟跑"到"领跑"的历史性挑战。

飞行控制技术的发展始终与动力学特性认知深度、作动系统响应精度、控制算法适应能力紧密交织。新一代飞行器在跨域飞行包线扩展中呈现出强烈的非线性非定常气动效应、多物理场耦合特征,以及极端环境下的强不确定性。例如,新一代战斗机在大迎角超机动飞行状态下呈现出复杂的非定常迟滞特性,使传统线性控制理论面临重构挑战;无人系统在复杂战场环境下的自主避障、协同决策,则要求其控制系统具备类生物群体的智能特性。要突破这些技术瓶颈,亟须建立从基础理论到工程实践的飞行控制技术创新体系。

"飞行控制前沿技术丛书"是清华大学与科学出版社在广泛征求专家意见的基础上,长期考察、反复论证后组织出版的。这套丛书立足航空强国需求,聚焦非定常动力学建模、参数辨识、高性能机电作动系统、先进控制方法等前沿技术,系统汇聚了我国诸多高校和工业部门在飞行控制领域的最新成果,旨在为我国新一代高端航空装备飞行控制技术的发展提供坚实支撑。丛书的出版,既是对相关重要成果的梳理和总结,也是对未来飞行控制前沿技术发展路径的一次思考和探索,更是面向新型飞机、空天往返飞行器、高超声速飞行器等未来装备的未雨绸缪。

我深信这套凝聚我国学者智慧的丛书将为飞行控制技术的发展提供新动力,为培养未来创新人才注入新动能。

中国科学院院士

前　言

随着多模复合导引头、图像识别等技术的发展,高价值飞机面临对空导弹的威胁愈发显著,飞机毁伤会对整个空中态势产生十分不利的影响。飞机主动防御系统可通过发射防御弹拦截来袭对空导弹,实现"以攻为守"的防御效果,显著提升飞机生存和突防能力,为空中飞行器的安全提供有力保障。飞机主动防御系统需要具备小型化、快响应、高精度的特点,因此对防御弹的气动性能、制导性能提出了极为苛刻的要求。

在大数据时代,越来越多的研究机构和团队开始重视数据的价值,并使用机器学习技术建立模型和训练算法,使模型具备观察、学习和推断能力,对给定问题进行分析和预测,以气动优化领域已有的大量历史数据和工程估算方法为基础,采用基于强化学习和迁移学习的气动优化方法,可为飞行器气动外形的高效优化提供一条新的技术途径;多约束制导中的时间、角度和过载等约束,天然地与飞行轨迹长度、斜率和曲率关联,调节轨迹模型的特征参数可以实现对复杂条件的约束控制,因此计算几何技术在多约束制导中具有很大的应用潜力。

自 2019 年,作者在国家自然科学基金青年科学基金项目(62203362)、多个军口项目、中国科协青年人才托举工程项目等课题的支持下,对机载主动防御中的多约束制导与优化问题进行系统研究,形成了一定的研究积累。本书总结上述课题所取得的相关研究成果,旨在为读者提供一部关于机载主动防御制导与优化的学术专著,为促进相关领域的跨学科交流和发展抛砖引玉。

本书共 7 章,第 1 章从飞机防护需求出发简要论述机载主动防御的必要性和迫切性,列举国内外在主动防御技术方面取得的新进展,并根据机载主动防御的特殊性,引出小型防御弹的气动外形优化以及多约束制导关键问题;第 2 章在回顾传统气动优化方法的基础上,提出基于数据挖掘的改进遗传算法;第 3 章针对传统气动优化方法难以兼顾效率和全局寻优性能的问题,提出基于强化学习和迁移学习的高效优化方法;第 4 章针对传统二维时间/角度约束制导律剩余飞行时间估计不准、终端性能控制确定性不足的问题,提出一种基于 Bezier 曲线的二维多约束中制导编队方法;第 5 章针对二维制导律依赖三维运动学分解、不利于实际应用的问题,提出一种基于优美对数空间曲线的三维多约束中制导编队方法;第 6 章针对传统制导律难以拦截高速高机动目标的问题,提出一种基于可达集分析的末制导协同拦截策略;第 7 章设计主动防御规划环节,将中、末制导整合成完整制导方案,并在六自由度飞行仿真环境中进行验证。

飞行动力学与控制专家朱纪洪教授在百忙之中审阅了书稿,并给予了宝贵意见和建议,在此表示感谢。感谢本领域的国内外同行专家、学者在本书撰写过程中给予的热心指导和宝贵建议。感谢清华大学的师兄匡敏驰、史恒以及西北工业大学的同事兼好友黄英志给予的帮助,同时感谢研究生唐羽中、徐雨蕾、任仕卿、李尊、肖滨等同学的贡献。

限于作者水平,书中难免存在疏漏和不足之处,恳请广大读者不吝指正。

闫星辉

目　　录

第 1 章　机载导弹防御中的气动优化与制导问题综述

1.1　研究背景

机载导弹防御系统可通过发射防御弹毁伤来袭对空导弹,显著提升飞机防护能力。然而,随着多模复合导引头、惯性滤波、图像识别等技术的发展,先进空空导弹的抗干扰能力和机动能力越来越强,红外诱饵、电磁干扰以及自身机动摆脱等传统机载防御方法愈发难以奏效,难以满足现代及未来空战中飞机的防护需求。同时,由于先进空空导弹的机动能力得到大幅提升,飞机通过机动躲避攻击的概率较低,其飞行安全得不到有效保障。传统的被动式防御战术已难以适应新形势下的空中作战需求,不足以为载机提供有效的安全保障,在未来战争中无法有效地抵御新一代作战平台和空中作战武器的威胁。因此,飞机的防御能力亟待提升,迫切需要将主动防御技术引入飞机平台,设计机载主动防御系统,对来袭导弹实施主动拦截,从而为飞机提供更加强大的防御能力(图 1.1)。

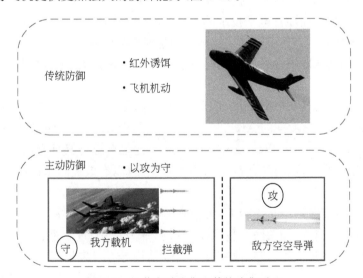

图 1.1　机载主动防御和传统防御对比

在此背景下,主动防御手段应运而生[1],其通过发射防御弹主动毁伤来袭弹,实现以攻为守的效果,为飞机提供坚实的空中屏障。机载主动防御技术就是将目前已经应用于水面舰艇、坦克装甲车辆和地面设施等非空领域的主动防御概念引入军用航空领域,为飞行器配装一套与舰载近程防御武器系统(close-in weapon system,CIWS)和坦克装甲车辆主动防护系统(active protection system,APS)类似的机载主动防御系统,通过发射小型拦截弹对敌方的空空导弹、地空导弹等进攻武器进行主动拦截,从而保障飞机自身安全。机载主动防御技术能够有效提升预警机、运输机和战斗机等飞行器的战场生存和突防能力,将成为新一代军用飞机的核心能力,对未来空战产生重大影响,甚至改变空战战术规则。

　　综上所述,机载主动防御技术具有重大的意义和价值。然而,机载主动防御系统需要具备小型化、高密度、快响应等特点,这对全系统集成和制导控制系统设计提出了挑战,在微小型防御弹集成设计、机载雷达系统设计、多弹协同制导方法设计等方面存在很多技术瓶颈,亟须深入研究。

1.2　发 展 历 程

　　20 世纪 70 年代就有研究人员提出主动防御的概念,并应用于舰载平台[2]。早期的水面舰艇主要通过装备的火炮进行自卫,在近距离对抗中具有一定的防御能力。随着反舰导弹作为一种全新的海战武器登上战争舞台,水面舰艇所面临的威胁急剧提升,因此干扰机、干扰弹等针对反舰导弹的软杀伤手段在水面舰艇平台上被广泛采用。然而随着电子技术的发展,反舰导弹的抗干扰能力和机动性能越来越强,仅仅依靠软杀伤手段越来越难以满足舰艇防护的需求。作为应对,为水面舰载装配硬杀伤自防护设备的主动防御技术得到快速发展,用以拦截在软杀伤阶段突防的反舰导弹。目前各军事大国的水面舰艇已普遍配备了近距离防御武器,具有代表性的如美国的 MK-15 密集阵近程防御武器系统(Phalanx Close-In Weapon System)、俄罗斯的 AK-630 系统、荷兰的 SGE-30 守门员近程防御武器系统(Goalkeeper Close-In Weapon System)等。这些系统普遍具有反应时间短、发射速度快、射击精度高、持续作战能力强等特点,可以有效提升水面舰艇的反导自卫能力。

　　此外,在坦克等装甲车平台上,主动防御系统也得到了发展和应用[3]。坦克装甲车自投入战争以来,相关防御技术长期基于“被动防护”理念进行发展,例如通过加大装甲厚度、改进装甲材料、改变装甲内部结构等方式来提高坦克的防护能力。随着 20 世纪 50 年代初世界首批反坦克导弹的入役,坦克装甲车又采用装配干扰机、发射干扰弹等软杀伤手段来进行反制,但随着反坦克导弹技术的发展,这些软杀伤手段的局限性也愈发明显,难以满足坦克防护的需要。为此,以硬杀伤手段来拦截敌方发射的火箭弹、导弹甚至穿甲弹的主动防御技术引起了各国的高度重视,目前具有代表性的坦克装甲车辆主动防护系统包括俄罗斯的"鸫"(Drozd)式与"竞技场"(Arena)系统、美国的"快杀"(Quick Kill)、以色列的"铁拳"(Iron Fist)与"战利品"(Trophy)等(图1.2)。

(a)舰载平台　　　　　　　　　　　　　　(b)坦克平台

图 1.2　非空中平台主动防御系统

与其他作战平台类似,飞行器在其早期发展中主要依赖于机动回避和装甲保护等策略来进行防御。在过去的一个世纪,随着对空武器性能的不断提高,飞行器的防护手段也在不断改进和完善,通过深入对比分析发现,尽管这些防护方法在形式上各不相同,但都以躲避、干扰、诱导甚至承受敌方打击为出发点,在本质上均未脱离消极被动防护的范畴。因此,正如本节所述的舰载平台、坦克平台一样,以消极被动手段对付来袭弹时所遇到的种种困难对飞行器来说也同样难以避免。在今后,随着对空武器技术的不断发展,继续沿着被动防护思路来发展军机防护技术,不仅面临的难度越来越高,付出的代价越来越大,而且效果也往往难以满足防护需求。

随着探测、制导等技术的发展,主动防御系统在机载平台上的应用已经具备了可行性。例如,2015 年 5 月 19 日在佛罗里达州举行的特种作战部队产业大会(SOFIC 2015)现场,世界上第一种可以装备在直升机上的主动防御系统(helicopter active protection system,HAPS)亮相。Orbital ATK 公司的直升机主动防御系统主要用来拦截火箭弹和先进单兵便携式防空导弹(图1.3)。该系统可识别一个来袭威胁,发射并制导一枚拦截器飞抵某个精确位置,引爆战斗部使来袭导弹失效。该公司已经成功进行了实弹对模拟目标的拦截演示实验,证明了直升机机载主动防御系统的有效性和可行性[4]。

固定翼飞机平台上的主动防御系统研制还处于原理探索阶段,美国作为飞机自卫反导系统开发能力最强的国家之一,在主动防御系统方面的探索已经走在了世界前列。为了提升战斗机主动防御能力和作战效能,美国空军陆续开展了空空导弹小型化的研究。2016 年,洛克希德·马丁公司和雷神公司在美国空军研究实验室的支持下分别开展了"小型先进能力导弹"(small advanced capability missile,

图 1.3　直升机主动防御系统(美国 Orbital ATK 公司)

SACM)和"微型自卫弹药"(miniature self-defence munition,MSDM)的研究：SACM 着重于现有空空导弹的小型化；MSDM 着重于拦截对方空空导弹,期望研发小型化低成本的导弹来完成空中主动防御任务。2017 年,诺斯罗普·格鲁曼公司针对隐身飞机提出了一种机载弹出式动能杀伤导弹防御系统并已申请专利[5]。从目前公布的资料可以得知,最近几年美国空军研究实验室(Air Force Research Laboratory,AFRL)已与洛克希德·马丁公司、雷神公司和波音公司签订了合同,针对主动防御相关概念和子系统开展研究工作。

　　除采用拦截弹进行主动防御外,基于激光武器的主动防御系统也得到了发展。2015 年 12 月,洛克希德·马丁公司宣布研发可用于 F-35 战斗机的激光武器系统,该武器系统基于光纤激光器技术,计划使用激光对空中目标进行拦截。然而,目前洛克希德·马丁公司开发的光纤激光器功率只能达到 60kW 且质量在 10t 以上,而为有效摧毁目标,功率需在 100kW 以上。若想将该技术应用于 F-35 这样的战斗机平台,在能量供应、功率提升、轻小型化设计以及激光精确瞄准等方面还将面临巨大的技术挑战,因此短期内该技术很难实用化。此外,通过采用全反射面、抗烧蚀层、高速旋转表面等技术,对方导弹可以对激光进行有效防御,因此即使相关技术难点被攻克,机载激光主动防御系统的拦截杀伤想达到理想效果依然困难重重。

　　在 2016 年美军披露的第六代战斗机 AII-X 演示验证机项目中(图 1.4),美军航空航天专项办公室已初步识别出了第六代战斗机的几项关键技术：主被动防御技术、升级的隐身技术、先进的组网技术、可靠的导航技术、电子战技术。可以看到除第一条"主被动防御技术"外,其余皆为现有第五代战斗机技术的升级。除了美国外,2011 年以色列 RAFAEL 武器公司下属的 MANOR 技术分部在国防部国防

图 1.4　美军第六代战斗机 AII-X

研究发展局(Defense Research and Development Directorate,DRDD)的支持下开发一种名为"Fliker"的可用于直升机的主动防护系统,它可对来袭的火箭推进榴弹(rocket-propelled grenade,RPG)和便携式防空导弹(man portable air-defense system,MANPADS)进行拦截,从而保护直升机免遭毁伤。2011 年 9 月,Fliker 在RAFAEL 公司进行的可行性测试中拦截来袭 RPG(图 1.5),2015 年后在以色列空军"黑鹰"直升机上完成实机测试,2023 年在巴以冲突中首次实战应用。欧洲MDBA 公司也推出了一种"硬杀伤防御辅助系统"(hard-kill defense assist system,HKDAS)的机载主动防御系统方案(图 1.6),用于装备现役和今后的各种战斗机甚至加油机、预警机等大飞机,2024 年在 A400M 运输机上测试,成功拦截模拟的便携式防空导弹,验证对低慢小目标的低成本拦截。由此可见,机载主动防御技术已经被确定为下一代战斗机最为关键的技术,也是其相对于现有战斗机能够形成跨代优势的有力保证。

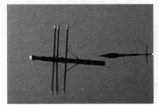

图 1.5　Fliker 在实弹测试中成功拦截来袭 RPG

　　综合各国在陆上、水面和空中作战平台的防御技术演进,可以观察并总结出以下趋势:在应对早期威胁时,各种作战平台主要采用躲避、干扰和装甲防护等被动

图 1.6　欧洲硬杀伤防御辅助系统外形设计图

防御手段以降低威胁,随着电子技术的发展,来袭弹的技术方案不断进步,作战平台的防御手段也需持续演进和完善。这一演进大体上可以概括为从软杀伤到硬杀伤的过渡,从被动防御向主动防御的转变,最终实现多手段、多层次的综合防护的发展历程。总的来说,目前国外对机载主动防御系统的研究才刚刚开始,而在国内该研究尚属空白。机载主动防御系统带来的巨大空中优势将显著提升空中作战能力,开展相关技术的探索研究,具有重大的意义和价值。

1.3　需　求　分　析

就世界范围来看,对机载主动防御系统的研究目前仍处于前期原理探索阶段,虽然在坦克、舰载等非空中平台具有一些成熟的应用和实验验证,但是至今仍无法实现在机载平台上的成熟应用,仅在直升机主动防御领域取得了初步的成果。随着当今机载设备的逐渐小型化,主动防御技术在飞机上取得实际应用也成为一个必然趋势。我国不仅需要发展类似的直升机主动防御系统,更有必要研制一款性能更高、拦截范围更大、可以在高速固定翼飞机上使用的机载主动防御系统。在主动防御手段方面,相比基于激光武器的防御模式,采用基于动能/破片杀伤原理的小型拦截弹实施防御,其技术难度在现阶段小于前者,且对方导弹难以采用技术手段避免由拦截弹产生的毁伤效果,在技术可行性和作战效能上具有较大优势。如能将空中主动防御技术成功应用,不仅会对现代空战模式产生颠覆性的改变,也会极大程度地提升预警机、运输机甚至客机等缺乏自卫能力的高价值飞机的防护能力。

未来,机载主动防御系统的轻小型化将使其能够被装备到战斗机上。一旦战斗机搭载这一系统,将颠覆传统的空中作战模式,战斗机将不再受限于当前的探测和武器系统,甚至在遭受锁定时也能够依赖主动防御系统的支持,对敌机进行同步的锁定和打击,从而显著提升己方的空中作战能力(图 1.7)。

机载主动防御技术的难点源于来袭导弹的高速、高机动性。一般导弹制导律的研究是基于高性能拦截弹的,在制导过程中,制导导弹具有显著的速度、机动优

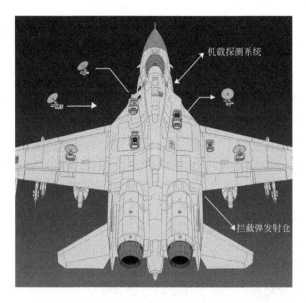

图 1.7　战斗机机载主动防御系统布局概念图

势,传统的比例导引(proportional navigation,PN)法或其扩展型制导律即可较好地满足需求;在机载防御场景中,受限于飞机有限的载荷空间,载机能够搭载的小型防御弹飞行性能有限,与来袭弹相比不仅不再具备速度、机动性上的优势,甚至处于较大的劣势,因此需要针对机载防御对拦截弹进行气动外形优化,并设计先进的多弹协同制导策略。通过改进导弹的气动外形设计可以降低飞行阻力,提高飞行速度,增强导弹的机动性,使其更稳定地飞行,减少飞行过程中的姿态摇晃和不稳定现象,从而保持飞行轨迹的精确性、提高导弹的命中率,使其能够更好地应对敌方威胁和干扰;通过设计先进的协同制导策略及方法,可以以拦截弹群的数量优势为基础,将数量优势有效转化为针对高速高机动目标的拦截优势。其中,协同制导过程可分两阶段进行:在第一阶段,多枚拦截弹从载机发射,并在中制导律导引下进行飞行编队,在交班时刻形成期望的编队阵形,为末制导拦截创造有利条件;在第二阶段,拦截弹群在末制导律导引下拦截目标。对应地,协同制导的协同环节包括两部分内容:一是带终端角度和飞行时间约束的制导律(impact time and angle control guidance,ITACG),用于控制弹群中各个导弹在中末制导交班时刻的位置和航向角,从而实现末制导所需的拦截阵形;二是针对高速高机动目标的拦截阵形和制导策略,用于实现优秀的拦截效果。为此,本书针对机载主动防御拦截导弹的气动优化与制导问题开展研究。

1.4　飞行器气动外形优化方法研究现状

气动优化是指飞行器各主要部件的外形和相对位置的设计,需要在满足给定的约束条件下,获取气动性能最优的设计方案。随着计算机科学和计算流体动力学(computational fluid dynamics,CFD)的发展,气动设计方法已经从试凑法发展到反求设计[6],再到优化设计[7],相关的分析方法也从风洞试验发展到高保真度CFD模拟[8]。与此同时,复杂的设计条件、设计约束和优化模型对飞行器性能的要求越来越严格,因此气动设计方法面临着巨大的挑战,尤其是在高维设计空间的全局优化方面[9]。当前主流设计流程(图1.8)由气动性能计算和优化理论两部分组成,并将优化问题转化为数值模拟的极值求解问题[10]。首先,建立几何模型参数化[11]、网格生成/变形[12]和数值计算的评估工作流程;然后,建立包含设计变量、设计空间、设计约束和目标函数的优化模型;最后,优化模型和评估工作流程通过优化器连接,该优化器可以是基于梯度的方法或优化方法。

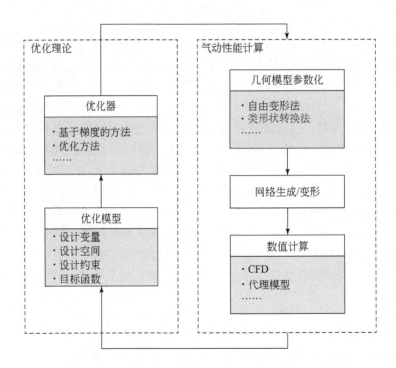

图1.8　气动外形优化主流设计流程图

　　主流的气动优化方法可分为两大类:基于梯度的方法和智能优化方法。使用最广泛的基于梯度的方法为有限差分法[13]和伴随法[14],分别解决了计算量过大和收敛于局部最优的问题。基于梯度的方法对单极值问题的优化效率很高,但气动优化大多属于复杂的多极值问题。基于梯度的方法一般容易陷入局部最优,不能满足全局气动优化的需求。近年来,对解决复杂问题和优化各种应用的需求不断增长,国内外对智能优化算法的研究异常活跃,不断涌现出新的优化算法:1975 年,Holland[15]首先提出了模拟生物进化过程的遗传算法(genetic algorithms,GA),通过模拟自然选择和基因交叉,遗传算法能够在搜索空间中寻找全局最优解,因此被广泛用于寻找复杂问题的优化解;1977 年,为了克服传统启发式搜索算法在搜索空间中可能陷入局部最优解的缺点,Glover[16]提出了禁忌搜索(tabu search,TS)算法,通过记录已经搜索过的解,以避免在搜索过程中重复搜索相似的解;1983 年,Kirkpatrick 等[17]基于对金属冶炼时冷却过程的模拟,提出了模拟退火(simulated annealing,SA)算法,通过逐渐减小在搜索空间内接受较差解的概率,以避免陷入局部最优解;1991 年,Dorigo 等[18]通过模拟自然界中蚂蚁寻找食物的过程提出了蚁群优化算法(ant colony algorithms,ACA),通过模拟蚂蚁在路径上释放信息素来寻找最短路径或最优解;1995 年,受到鸟群和鱼群行为的启发,Kennedy 和 Eberhart[19]建立了一个简化算法模型,通过模拟群体中个体的合作与信息共享来搜索最优解,并在后续的研究中不断完善,最终形成了粒子群优化(particle swarm optimization,PSO)算法,此外还有灰狼优化(grey wolf optimizer,GWO)算法、鲸鱼优化算法(whale optimization algorithm,WOA)、人工生态系统优化(artificial ecosystem-based optimization,AEO)算法等[20]。这些智能优化算法在飞行器优化设计领域也得到了快速发展和广泛应用。

　　遗传算法是飞行器气动外形优化领域中应用最为广泛的优化算法,Doorly 等[21]最早提出将并行遗传算法(parallet GA)用于机翼气动外形优化;Thivet 等[22]以气动阻力最小为目标函数,提出采用多样性保持模块来预防早熟现象的改进遗传算法,对机翼-机身气动外形进行了优化;Hacioglu 等[23,24]将遗传算法应用于翼型反设计,在文献[23]中,将实数编码的遗传算法与神经网络相结合,用于翼型反设计问题,在收敛精度和鲁棒性得到保证的前提下,搜索速度大大提高;Rallabhandi 等[25]提出一种基于目标规划的多目标遗传算法(multi-objective GA),并将其应用于超声速飞行器气动外形和推进系统一体化设计优化。模拟退火算法较早应用于气动外形优化设计大约是在 1996 年,Aly 等[26]将改进的模拟退火算法应用于气动外形优化设计问题;Liu[27]将模拟退火算法与部分因子分析法相结合,提出一种新的 Taguchi-SA 算法,并将其应用于机翼气动外形设计优化,结果表明,优化设计的飞机气动性能参数明显优于采用基本模拟退火算法的设计结果;Wang 等[28]对并行模拟退火算法在气动外形优化设计中的应用进行了深入研究;Venter 等[29]较早将 PSO 算法引入飞行器气动外形优化设计领域,研究了 PSO 算法在机翼外形设计中的应用,数值计算结果表明,针对带离散设计变量和数值噪声(numerical noise)的优化问题,PSO 算法能够寻得全局最优解;Chiba 等[30]研究了 PSO 算法与遗传算法相结合的混合优化算法在机翼外形设计中的应用,考虑气动、结构和声学三个方面的因素,针对优化问题设计了 5 个目标函数、58 个设计变量;王允良等[31,32]研究了 PSO 算法与遗传算法相结合的混合优化算法,并将其应用于可重复使用运载器(reusable launch vehicle, RLV)和通用航空飞行器(common aero vehicle, CAV)气动外形设计问题。此外,ACA 在飞行器结构优化领域也已有应用,相对于各种比较成熟的群智能优化算法,ACA 研究和应用案例相对较少,存在各种需要深入研究和解决的问题,但 ACA 也是群智能算法在飞行器优化设计领域应用的一个重要方向。

尽管智能优化算法在飞行器气动外形优化领域已经有了许多研究成果,但现有的优化方法仍存在一定的局限性。遗传算法是一种常用的气动优化方法,具有较好的全局优化能力,适用于复杂的多极值优化问题,但是收敛速度较为缓慢,尤其是与耗时的高精度流体仿真相结合进行气动优化时,该缺点更为凸显。遗传算法的衍生类型很多,相较于原始的遗传算法,其在寻优能力和收敛速度方面也有一定的提升,但收敛速度常常不够令人满意,究其原因主要是缺乏先验知识。由于初始种群对遗传算法的性能有很大的影响,所以工程上常用的加快收敛速度的方法是人为地将性能较优的个体作为先验知识加入种群,该方法虽然有效,但对高维度的优化问题来说,获取性能较优的个体本身也较为困难,而且人为修改种群的操作会大大降低整个优化过程的效率。此外,现有的智能优化算法如多目标遗传算法(multi-objective genetic algorithm, MOGA)[33]或多目标粒子群优化算法(multi-objective particle swarm optimization, MOPSO)[34]等,这类方法具有较好的全局寻优能力,适用于复杂的多极值优化问题,但收敛速度缓慢,难以直接运用于耗时的高精度流体仿真,一般与响应面、Kriging 等代理模型结合,但构建包含多个设计变量的高精度代理模型也是十分困难和耗时的,且现有的主流方法均需要一定程度的人工参与,在优化过程中需要穿插人机交互环节,即以设计师的专业知识作为指导来开展气动优化工作,如智能算法中初始种群的选取、算法参数的设置等,无法实现全自动优化,降低了优化流程的迭代效率。

1.5 高速高机动目标拦截制导方法研究现状

1.5.1 带终端角度和飞行时间约束的制导律研究现状

传统制导律仅注重降低飞行器与目标之间的脱靶量,但为了改善复杂任务场景下的制导性能,需要增加终端角度和飞行时间等约束。在一些特殊情况下,还需要考虑攻击时间、攻击角度等约束,例如为了提高导弹突防效果或战斗部毁伤效能,导弹需要以特定的角度接近目标,此时攻击角度的控制变得尤为重要,图 1.9 为导弹攻击水面舰艇的终端角度约束控制示意图。当多枚飞行的导弹需要进行饱和式协同攻击以突破舰艇的近程防御系统时,攻击时间的控制变得尤为重要,图 1.10 为多弹攻击水面舰艇的时间协同示意图。因此,在诸如集群飞行、反坦克、反舰等特定场景中,脱靶量、飞行时间、终端角度这三个性能指标需要同时满足。

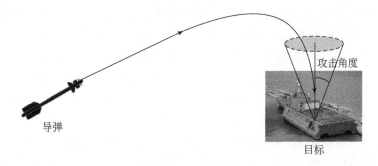

图 1.9 终端角度约束控制示意图

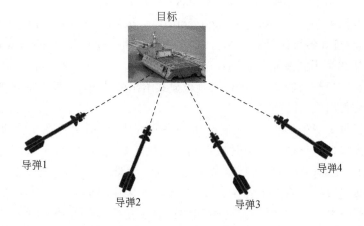

图 1.10 多弹攻击水面舰艇的时间协同示意图

　　虽然 ITACG 的相关研究起步较晚,但由于其突出的应用价值,在导弹制导研究领域受到广泛重视。飞行器的制导系统根据飞行任务生成加速度指令,并将指令输入飞行控制系统,然后由飞行控制系统的控制舵面在俯仰和偏航平面生成相应的气动力矩和气动力实现制导指令[35],因此导弹在三维空间中的运动可以分解为两个互相垂直的二维平面内的运动[36],许多学者针对二维情景下的 ITACG 制导律做了研究。韩国 Lee 教授团队基于最优控制理论首次提出了 ITACG 制导律的一种设计方法[37],在带攻击角度约束的偏置比例导引(biased proportional navigation guidance,BPNG)的基础上,加入了反馈回路和附加控制命令,实现了攻击时间和角度约束的制导;Harl 等[38]将滑模控制(sliding mode control,SMC)运用到 ITACG 设计中,首先生成满足时间和角度约束的视线角(line of sight,LOS)控制计划,然后使用滑模控制跟踪实现该控制计划;Kim 等[39]推导了包含三个可调节系数的扩展多项式制导律来实现攻击时间、角度的约束;Zhang 等[40]以攻击时间偏差和飞行角度偏差为指标进行反馈控制,提出了基于 BPNG 的 ITACG 制导律;赵启伦等[41]基于最优控制理论[42]提出适用于不同速度导弹的协同攻击策略,满足法向过载、遭遇时间和终端角度约束;Zhao 等[43]采用时变滑模(time-varying sliding mode,TVSM)控制技术设计了一种 ITACG 制导律,通过建立含有两个可调系数的特定滑模面来满足时间和角度约束;宋俊红[44]采用自适应滑模控制技术设计了一种带终端角度约束的有限时间制导律;Livermore 等[45]以偏置追踪法为基础,从几何角度设计了一种满足时间、角度约束的制导律;王晓芳等[46]基于模型预测规划的方法设计了一种满足攻击时间和角度约束的制导律;Chen 等分别设计了一种基于最优控制[47]和二段式控制[48]的 ITACG 制导律,其中二段式 ITACG 的第一阶段控制飞行时间,第二阶段控制终端角度。此外,一些基于几何的制导方法为 ITACG 的研究提供了新视角,Manchester 等[49]提出了一种沿圆弧轨迹飞行的终端角度约束制导律(impact angle control guidance,IACG);Pharpatara 等[50]将 Dubins 轨迹和传统制导律相结合,提出了一种轨迹规划制导律;Fowler 等[51]则将 Bezier 曲线运用到滑翔伞末制导的轨迹设计中。从几何角度看,飞行到达时间等于轨迹长度与速度的商,在飞行轨迹被显式给出的情况下,即便速度随时间变化也能更容易得出飞行时间。

　　尽管二维 ITACG 制导已经取得了许多研究成果,但仍存在亟待进一步研究的问题。大多数制导律是基于时域控制方法设计的,由这类制导律导引的飞行轨迹是隐式的,使得精确估计飞行剩余时间成为一大难点[37,52],这也导致 ITACG 相关文献的数量较少。许多学者在研究 ITACG 时采用小航向角假设对剩余飞行时间进行线性化估计[38,39,47,53],这种时间估计方法在终端角度较大时会产生较大偏差,大大降低制导性能。此外,许多现有的二维 ITACG 制导律[37-40,45,47,48]无法根据初始条件得出飞行时间的可控范围,而弹群协同往往需要从各弹飞行时间范围的交集中选择协同时间,若没有可控时间范围作为依据,则难以保证弹群协同的效果。以上二维 ITACG 制导律设计过程中均假设导弹以常值速度飞行,而在实际情况中导弹速度随时间变化,因此这些 ITACG 制导律在时变速度下的制导性能会有所下降。

二维 ITACG 制导律的研究基于二维平面运动学,虽然三维运动可以分解到两个互相垂直的平面上,但这种三维到二维的分解会损失制导过程信息,并对末制导精度造成不利影响[54,55]。为了在实际运用中实现更好的制导性能,应尽量避免三维运动学的解耦,直接在三维运动学下设计 ITACG 制导律。

现有的三维制导律研究主要追求小脱靶量(miss distance,MD),考虑终端角度约束三维制导律(3-dimensional impact angle control guidance,3D IACG)的研究文献较少。文献[54]、[56]~[58]使用滑模控制设计了带终端角度约束的三维制导律,此外李雅普诺夫理论[59]、微分几何和模型预测控制[60]也被用于设计三维制导律。文献[61]针对静止目标提出了一种基于李雅普诺夫理论的攻击角度约束三维制导律;Yoon[62]针对非机动目标,基于几何方法提出了一种考虑攻击角度约束的三维制导律,可以使飞行器沿着圆弧轨迹追逐目标;Oza 等[63]针对地面目标提出了一种基于预测静态规划的次优三维制导律;苏烨[64]使用滑模变结构控制技术设计了一种带落角约束的反舰导弹三维制导律;张良等[65]采用非线性观测器设计了一种满足攻击角度约束的三维有限时间导引律。其中,文献[56]和[58]依然将三维的运动过程分解为两个二维平面,然后对两个二维平面分别设计制导律,在实际应用中制导性能可能会下降。

飞行时间和终端角度约束三维制导律(3-dimensional impact time and angle control guidance,3D ITACG)的相关研究文献更少。Jung 等[66]首次提出了 3DITACG 制导律,通过将基于反步法控制的 IACG 制导律和基于 BPNG 的时间约束制导律(impact time control guidance,ITCG)相结合,实现了期望的终端角度和飞行时间,但这种制导律的性能很大程度上依赖于制导律表达式中的多项式系数设定,并且飞行时间的控制效果一般;张友安等[67,68]将基于李雅普诺夫理论的 IACG 制导律与时间调节机动相结合,实现了终端角度和飞行时间约束,这种方法虽然可以通过剧烈的机动飞行调节飞行时间,但在实际运用中将大大降低导弹的动能,对末制导性能产生不利影响;Song 等[69]提出了一种 3D IACG 制导律,弹群在飞行过程中不断调节到达时间,最终实现同时到达,但这种方法无法根据初始条件得到显式的飞行轨迹,难以准确估计飞行时间,给时间协同任务带来不利影响。

1.5.2　高机动目标的拦截制导研究现状

传统制导律设计的首要性能指标是脱靶量,如比例导引(proportional navigation,PN)、扩展比例导引[70](augmented proportional navigation,APN)、真比例导引[71](true proportional navigation,TPN)以及其他拓展型制导律等[72-75]。在针对机动目标的制导律设计过程中,一般假设目标的机动策略是已知的,或者可以通过多模型制导律辨识等方法获取[76-78]。在实际制导场景中,目标运动的控制计划很难迅速、准确地获取,很大程度上限制了制导性能,因此高机动目标拦截对制导律设计提出了极大的挑战,尤其在拦截占据性能优势的目标时,传统制导律极易在交会终端时刻产生过高的加速度指令,造成导弹加速度饱和、脱靶量大大增加。

一种提升拦截机动目标效果的方法是提高导弹的单体拦截性能,将目标未来时刻可能的位置作为概率区域,则制导律的设计问题可转换为优化问题。Dionne 等[79]将预测拦截点(predicted interception point,PIP)作为一个带有概率密度函数(probability density function,PDF)的区域而非一个简单的点,这样就将减小脱靶量的问题转化为最大化拦截概率的优化问题。从交会几何态势的角度来看,在线性化运动学下如果零控脱靶量(zero effort miss,ZEM)在拦截弹的横向位移包线内,则脱靶量可降为零[80]。此外,谷志军[81]、黎克波等[82]从微分几何的角度改进了针对机动目标的拦截末制导律,马克茂等[83]基于变结构控制技术设计了拦截机动目标的制导律。以上的研究针对一对一的制导情形,没有兼顾多弹协同配合,因此难以有效运用于拦截速度、机动能力占优的机动目标。

另一种提升拦截机动目标效果的方法是多弹协同拦截。协同制导通常用于多弹齐射攻击的场景,多枚拦截弹的攻击时间通过 ITCG 或前述的 ITACG 制导律进行协调同步。然而,以上制导律主要针对静止目标或非机动目标,难以有效运用于高机动目标的拦截场景。

除了以上思路,还可以从追逐-逃逸问题的可达性角度来研究拦截制导问题[84,85]。几何可达性分析可以看作 PIP 分析[79]和 ZEM 分析[80]的一种扩展。可达性分析主要用于分析和处理控制过程中的不确定性,并在自动驾驶研究领域得到了成功应用[86,87]。可达性分析同样适用于研究飞行器的运动,因为飞行器的最大机动能力边界可以通过空中目标识别来获取,主要途径包括雷达回波信号分析[88]、目标红外信号分析[89]、遥感数据识别[90]等。通过多种数据的融合分析[91],即使无法精确识别飞行器的型号,也能得到其可能的型号概率序列和对应的性能范围,为获得较好的制导性能,可达性分析中的目标飞行性能可设定为性能范围上界。将飞行器的机动能力上限作为制导策略设计的先验知识,能有力提升拦截制导性能,这也是本书后续研究机载主动防御制导律的前提条件,实现这一前提条件依赖于战场信息,即我方载机可以获取来袭目标的雷达信号、红外信号和遥感信号等多源数据信息。Salmon 等[92]首先将可达集分析应用到了导弹制导的问题中;Robb 等[93]针对一对一的制导情景通过可达性分析提出了一种中制导策略,该策略考虑了目标可能采取的一系列轨迹,并以此为基础设计了应对策略;Chung 等[94]基于可达性架构提出了一种应对机动目标的中制导策略,但该制导策略建立在特定假设上,应用范围有限;Su 等[95,96]针对机动目标,基于线性化运动学和可达集覆盖理念提出了一种末制导策略,但该制导策略的运用场景受线性化运动学假设的限制。图 1.11 对拦截机动目标的方法进行了对比总结。

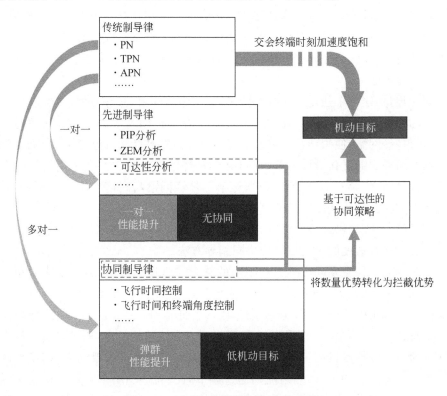

图 1.11　机动目标拦截方法的对比总结

1.6　本书主要研究内容与结构安排

1.6.1　主要研究内容

在优势战场信息态势的前提下,为拦截高速高机动来袭弹,本书对导弹的气动

外形优化方法以及多枚防御弹的协同中制导、末制导策略和方法进行了研究,研究内容和主要成果如下:

(1)针对现有遗传算法在气动优化的运用中不能充分利用先验知识、导致收敛速度慢的问题,研究了一种基于数据挖掘和遗传算法的飞行器气动优化方法。

首先通过数据挖掘的方法从半经验估算方法中提取优化规则作为先验知识,然后将这些优化规则融入遗传算法中加以利用,具体表现为交叉规则、遗传规则的动态设置。在已获取先验知识的情况下,优化算法的收敛速度大大加快,且由于半经验估算方法的计算速度远远快于高精度流体仿真,所以数据挖掘环节花费的时间可以忽略,这种方法对基于高精度流体仿真的气动优化具有很大的工程价值。

(2)针对现有的全局气动优化方法均存在易陷入局部最优或收敛速度慢、难以实现高效的全自动优化的缺陷,研究了一种基于强化学习和迁移学习的飞行器全局气动优化方法。

第一步,构建一个强化学习神经网络,通过强化学习神经网络与半经验工程估算方法的交互训练,预先提取优化经验并储存在神经网络中;第二步,构建另一个强化学习神经网络,使用迁移学习方法对该网络进行初始化,即将第一个强化学习神经网络所提取的优化设计经验,通过共享神经网络参数的方法传递给第二个强化学习神经网络;第三步,将第二个强化学习神经网络与高精度流体仿真相结合,通过二者的交互训练获取优异的气动布局设计。

(3)针对二维防御弹群的中制导编队问题,研究了考虑终端角度、到达时间、最大过载和非定常速度的多约束二维协同制导方法。

首先建立了包含发动机推力和阻力的导弹二维运动模型,为实现终端角度和到达时间约束,设计了一种二段式飞行制导策略,第一阶段和第二阶段分别调节到达时间和终端角度,飞行轨迹分别对应 Bezier 曲线和直线。Bezier 曲线使两阶段轨迹平滑过渡,其两个端点分别设为导弹发射点和轨迹切换点,通过调节切换点位置实现轨迹长度控制,进而控制飞行时间;为满足导弹最大过载约束,切换点的调节范围受最大曲率约束;终端角度则通过调节直线轨迹的斜率实现。得到满足多约束的飞行轨迹后,使用线性二次型控制器(linear quadric regulator,LQR)生成制导指令,使导弹沿轨迹飞行。最后通过数值仿真验证了该制导方法在时间、角度控制方面的有效性和优越性。

(4)针对三维防御弹群的中制导编队问题,研究了考虑终端角度、到达时间和最大过载的多约束三维协同制导方法。

首先建立了导弹三维运动模型,使用 Frenet 标架刻画三维飞行轨迹的几何特征,设计了一种二段式飞行制导策略:第一阶段调节到达时间,第二阶段实现终端角度。第一阶段的飞行轨迹为优美对数空间曲线(log- aesthetic space curve,

LASC),在其标准型下搜索满足终端位置和切向约束的曲线参数,并通过旋转、缩放等几何变化得到满足约束的飞行曲线轨迹,轨迹长度通过调节轨迹切换点位置实现,为满足轨迹的可生成性和最大过载约束,对轨迹切换点的调节范围进行限制;第二阶段的飞行轨迹为直线,通过设置直线斜率满足终端角度约束。得到满足多约束的三维飞行轨迹后,使用前瞻(lookahead)算法生成制导指令使导弹沿轨迹飞行。最后通过数值仿真验证了该制导方法在时间、角度控制方面的有效性和优越性。

(5)针对高速高机动目标的拦截问题,研究了将拦截弹数量优势转化为拦截优势的编队阵形和制导策略。

首先建立了多对一的拦截制导运动模型,从几何可达性的角度分析了双方交会的几何态势,基于最短路程 Dubins 轨迹得到弹目交会的等时间线,并研究了等时间线的性质,以此为基础,将线性化运动学下的零控脱靶量拦截必要条件拓展到非线性运动学,再根据可达集覆盖的理念推导出拦截高速高机动目标的编队阵形及协同策略。最后通过数值仿真,验证了所提制导策略在拦截高速高机动目标方面的有效性和优越性。

(6)针对机载防御运用场景,设计了拦截规划环节将中、末制导整合为完整制导方案,并在六自由度仿真系统中进行验证。

首先建立了包含飞行器动力学、测量系统和飞行控制系统等模型的六自由度仿真系统。在拦截规划环节中,通过对来袭弹轨迹的预测,计算各时间节点对应的拦截阵形先对来袭弹轨迹进行预测。然后根据预测轨迹计算各时间节点对应的拦截阵形,进而选择合适的阵形位置和发射时间,以确保拦截轨迹的可行性,拦截规划环节将本书所提中、末制导方法有效地整合为完整的机载防御制导方案。最后在六自由度仿真系统中进行机载防御全过程仿真,验证了该防御制导方案的可行性和有效性,证明本书方法在实际机载防御场景中具有运用价值和意义。

1.6.2　结构安排

全书分为 7 章,其组织架构、各主要章节之间逻辑关系如图 1.12 所示。

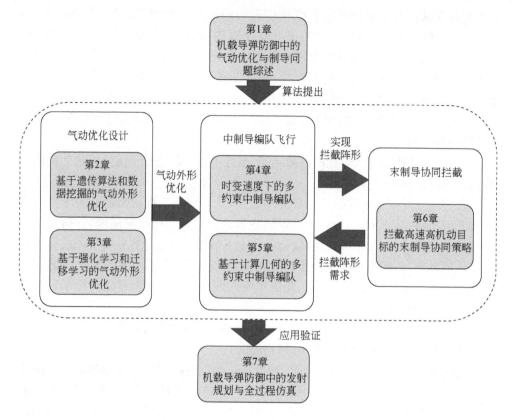

图 1.12　全书主要章节之间的逻辑关系

参 考 文 献

[1] 史恒,朱纪洪. 主动防御的最优预测协同制导律研究. 空间控制技术与应用,2019,45(4):64-70.

[2] 陈黎. 军用飞机主动防护技术. 北京:国防工业出版社,2020.

[3] Bent M,Dikbas E,Tuncer I H. The effect of static stability on the short range flight trajectory of a countermunition. 2018 AIAA Atmospheric Flight Mechanics Conference, Kissimmee,2018:0017.

[4] Sharpin D,Kolanek J,Cvetnic M A,et al. Methods and apparatuses for active protection from aerial threats:9170070. 2015-10-27.

[5] Anderson M,Latz J,Ichino M. Kinetic air defense:9671200. 2017-06-06.

[6] Lighthill M J. A new method of two-dimensional aerodynamic design. R&M 2112,London: Aeronautical Research Council,1945.

[7] Hicks R M,Murman E M,Vanderplaats G N. An assessment of airfoil design by numerical

optimization. Washington, D. C. ：NASA,1974.

[8] Epstein B, Peigin S, Tsach S. A new efficient technology of aerodynamic design based on CFD driven optimization. Aerospace Science and Technology,2006,10(2):100-110.

[9] Yasong Q I U,Junqiang B A I, Nan L I U,et al. Global aerodynamic design optimization based on data dimensionality reduction. Chinese Journal of Aeronautics, 2018, 31 (4): 643-659.

[10] Secanell M,Suleman A,Gamboa P. Design of a morphing airfoil using aerodynamic shape optimization. AIAA Journal,2006,44(7):1550-1562.

[11] Hicken J E,Zingg D W. Aerodynamic optimization algorithm with integrated geometry parameterization and mesh movement. AIAA Journal,2010,48(2):400-413.

[12] Biancolini M E,Costa E, Cella U, et al. Glider fuselage- wing junction optimization using CFD and RBF mesh morphing. Aircraft Engineering and Aerospace Technology, 2016, 88(6):740-752.

[13] Hicks R M,Henne P A. Wing design by numerical optimization. Journal of Aircraft,1978, 15(7):407-412.

[14] Martins J R R A, Mader C, Alonso J. ADjoint: An approach for rapid development of discrete adjoint solvers. The 11th AIAA/ISSMO Multidisciplinary Analysis and Optimization Conference,Portsmouth,2006:7121.

[15] Holland J H. Adaptation in Natural and Artificial Systems. Ann Arbor: University of Michigan Press,1975.

[16] Glover F. Tabu search:A tutorial. Interfaces,1990,20(4):74-94.

[17] Kirkpatrick S,Gelatt Jr C D,Vecchi M P. Optimization by simulated annealing. Science, 1983,220(4598):671-680.

[18] Colorni A,Dorigo M,Maniezzo V. Distributed optimization by ant colonies. Proceedings of the First European Conference on Artificial Life,Paris,1991:134-142.

[19] Kennedy J,Eberhart R. Particle swarm optimization. Proceedings of ICNN'95-International Conference on Neural Networks,Perth,1995:1942-1948.

[20] 杨希祥,李晓斌,肖飞,等. 智能优化算法及其在飞行器优化设计领域的应用综述. 宇航学报,2009,30(6):2051-2061.

[21] Doorly D J, Peiro J. Supervised parallel genetic algorithms in aerodynamic optimisation. Artificial Neural Nets and Genetic Algorithms. Vienna: Springer, 1998: 229-233.

[22] Thivet F,Kergaravat Y,Knight D. Toward the aerodynamical optimization of a supersonic airplane using a genetic algorithm and a PNS solver. The 20th AIAA Applied Aerodynamics Conference,St. Louis,2002:3144.

[23] Hacioğlu A. Augmenting genetic algorithm with neural network and implementation to the inverse airfoil design. The 10th AIAA/ISSMO Multidisciplinary Analysis and Optimization Conference,Albany,2004:4633.

［24］ Pehlivanoglu Y V,Hacioğlu A. Inverse design of 2-D airfoil via vibrational genetic algorithm. Journal of Aeronautics and Space Technologies,2006,2(4):7-14.

［25］ Rallabhandi S K,Mavris D N. Simultaneous airframe and propulsion cycle optimization for supersonic aircraft design. Journal of Aircraft,2008,45(1):38-55.

［26］ Aly S,Ogot M,Peltz R. Stochastic approach to optimal aerodynamic shape design. Journal of Aircraft,1996,33(5):956-961.

［27］ Liu J L. Novel Taguchi- simulated annealing method applied to airfoil and wing planform optimization. Journal of Aircraft,2006,43(1):102-109.

［28］ Wang X,Damodaran M. Aerodynamic shape optimization using computational fluid dynamics and parallel simulated annealing algorithms. AIAA Journal,2001,39(8):1500-1508.

［29］ Venter G,Sobieszczanski- Sobieski J. Multidisciplinary optimization of a transport aircraft wing using particle swarm optimization. Structural and Multidisciplinary Optimization, 2004,26(1):121-131.

［30］ Chiba K,Makino Y,Takatoya T. Multidisciplinary design exploration of wing shape for silent supersonic technology demonstrator. The 25th AIAA Applied Aerodynamics Conference,Miami,2007:4167.

［31］ 王允良,张勇,李为吉,等. 可重复使用运载器机翼外形优化. 宇航学报,2004,(5):488-491.

［32］ 王允良,唐伟,张勇,等. 通用航空飞行器气动布局设计优化. 宇航学报,2006,(4):709-713,750.

［33］ Yang Y R,Jung S K,Cho T H,et al. Aerodynamic shape optimization system of a canard-controlled missile using trajectory-dependent aerodynamic coefficients. Journal of Spacecraft and Rockets,2012,49(2):243-249.

［34］ Tao J,Sun G,Si J,et al. A robust design for a winglet based on NURBS- FFD method and PSO algorithm. Aerospace Science and Technology,2017,70:568-577.

［35］ Raymond E T,Chenoweth C C. Aircraft Flight Control Actuation System Design. Warrendale: Society of Automotive Engineers,1993.

［36］ McLean D. Automatic flight control systems. Measurement and Control(London),2003, 36(6):172-175.

［37］ Lee J,Jeon I,Tahk M. Guidance law to control impact time and angle. IEEE Transactions on Aerospace and Electronic Systems,2007,43(1):301-310.

［38］ Harl N,Balakrishnan S N. Impact time and angle guidance with sliding mode control. IEEE Transactions on Control Systems Technology,2012,20(6):1436-1449.

［39］ Kim T,Lee C,Jeon I,et al. Augmented polynomial guidance with impact time and angle constraints. IEEE Transactions on Aerospace and Electronic Systems, 2013, 49 (4): 2806-2817.

［40］ Zhang Y,Ma G L A. Guidance law with impact time and impact angle constraints. Chinese Journal of Aeronautics,2013,26(4):960-966.

［41］ 赵启伦,陈建,李清东,等. 高超武器与常规导弹协同攻击策略可行域研究. 航空学报,

2015,36(7):2291-2300.

[42] 钟宜生. 最优控制. 北京:清华大学出版社,2015.

[43] Zhao Y, Sheng Y, Liu X. Analytical impact time and angle guidance via time-varying sliding mode technique. ISA Transactions,2016,62:164-176.

[44] 宋俊红. 拦截机动目标的有限时间制导律及多弹协同制导律研究. 哈尔滨:哈尔滨工业大学,2018.

[45] Livermore R, Shima T. Deviated pure-pursuit-based optimal guidance law for imposing intercept time and angle. Journal of Guidance, Control, and Dynamics, 2018, 41(8): 1807-1814.

[46] 王晓芳,王紫扬,林海. 一种同时具有攻击时间和攻击角度约束的协同制导律. 弹道学报, 2017,29(4):1-8.

[47] Chen X, Wang J. Optimal control based guidance law to control both impact time and impact angle. Aerospace Science and Technology,2019,84:454-463.

[48] Chen X, Wang J. Two-stage guidance law with impact time and angle constraints. Nonlinear Dynamics,2018,95(3):2575-2590.

[49] Manchester I R, Savkin A V. Circular-navigation-guidance law for precision missile/target engagements. Journal of Guidance,Control,and Dynamics,2006,29(2):314-320.

[50] Pharpatara P, Hérissé B, Pepy R, et al. Sampling-based path planning: A new tool for missile guidance. IFAC Proceedings Volumes,2013,46(19):131-136.

[51] Fowler L, Rogers J. Bezier curve path planning for parafoil terminal guidance. Journal of Aerospace Information Systems,2014,11(5):300-315.

[52] Dhananjay N, Ghose D. Accurate time-to-go estimation for proportional navigation guidance. Journal of Guidance,Control,and Dynamics,2014,37(4):1378-1383.

[53] Jeon I, Lee J, Tahk M. Homing guidance law for cooperative attack of multiple missiles. Journal of Guidance,Control,and Dynamics,2010,33(1):275-280.

[54] Kumar S R, Ghose D. Three dimensional impact angle constrained guidance law using sliding mode control. The 2014 American Control Conference,Portland,2014:2474-2479.

[55] Song J, Song S. Three-dimensional guidance law based on adaptive integral sliding mode control. Chinese Journal of Aeronautics,2016,29(1):202-214.

[56] Weimeng S, Zhiqiang Z. 3D variable structure guidance law based on adaptive model-following control with impact angular constraints. The 2007 Chinese Control Conference, Zhangjiajie,2007:61-65.

[57] Gu W, Fan Z Z X. Design of variable structure guidance law with constraints on impact angle for anti-ship missile. International Conference on Computer Design and Applications, Qinhuangdao,2010:80-84.

[58] Hu Z, Tang X, Wang Y. A 3-dimensional robust guidance law with impact angle constraint. Chinese Control and Decision Conference(CCDC),Mianyang,2011:999-1006.

[59] 糜玉林,施建洪,张友安. 带有攻击角度控制的三维制导. 海军航空工程学院学报,2008,

23(3):293-296.

[60] 蔡洪,胡正东,曹渊. 具有终端角度约束的导引律综述. 宇航学报,2010,31(2):315-323.

[61] Ma P,Zhang Y,Ji J,et al. Three-dimensional guidance law with terminal impact angle constraint. 2009 International Conference on Mechatronics and Automation,Changchun,2009: 4162-4166.

[62] Yoon M. Relative circular navigation guidance for three-dimensional impact angle control problem. Journal of Aerospace Engineering,2010,23(4):300-308.

[63] Oza H B,Padhi R. Impact-angle-constrained suboptimal model predictive static programming guidance of air-to-ground missiles. Journal of Guidance, Control, and Dynamics, 2012, 35(1):153-164.

[64] 苏烨. 带落角约束的反舰导弹三维协同导引律设计. 哈尔滨:哈尔滨工业大学,2014.

[65] 张良,张泽旭,郑博. 一种有攻击角约束的三维有限时间导引律. 哈尔滨工业大学学报, 2018,50(4):8-14.

[66] Jung B,Kim Y. Guidance laws for anti-ship missiles using impact angle and impact time. AIAA Guidance,Navigation,and Control Conference and Exhibit,Colorado,2006:1-13.

[67] 张友根,张友安. 控制撞击时间与角度的三维导引律:一种两阶段控制方法. 控制理论与应用,2010,27(10):1429-1434.

[68] 张友安,马培蓓. 带有攻击角度和攻击时间控制的三维制导. 航空学报,2008,(4): 1020-1026.

[69] Song J,Song S,Xu S. Three-dimensional cooperative guidance law for multiple missiles with finite-time convergence. Aerospace Science and Technology,2017,67:193-205.

[70] Garber V. Optimum intercept laws for accelerating targets. AIAA Journal,1968,6(11): 2196-2198.

[71] Yuan L C L. Homing and navigational courses of automatic target-seeking devices. Journal of Applied Physics,1948,19(12):1122-1128.

[72] Guelman M. A qualitative study of proportional navigation. IEEE Transactions on Aerospace and Electronic Systems,1971,AES-7(4):637-643.

[73] Yuan P,Chern J. Ideal proportional navigation. Journal of Guidance, Control, and Dynamics,1992,15(5):1161-1165.

[74] White B A,Zbikowski R,Tsourdos A. Aim point guidance:An extension of proportional navigation to the control of terminal guidance. Proceedings of the 2003 American Control Conference,2003:384-389.

[75] Zarchan P. Tactical and strategic missile guidance. Reston:American Institute of Aeronautics and Astronautics,2012.

[76] Shima T,Oshman Y,Shinar J. Efficient multiple model adaptive estimation in ballistic missile interception scenarios. Journal of Guidance,Control,and Dynamics,2002,25(4): 667-675.

[77] Shaferman V S T. Cooperative multiple-model adaptive guidance for an aircraft defending

missile. Journal of Guidance, Control, and Dynamics, 2010, 33(6):1801-1813.

[78] Fonod R, Shima T. Multiple model adaptive evasion against a homing missile. Journal of Guidance, Control, and Dynamics, 2016, 39(7):1578-1592.

[79] Dionne D, Michalska H, Rabbath C A. Predictive guidance for pursuit-evasion engagements involving multiple decoys. Journal of Guidance, Control, and Dynamics, 2007, 30 (5): 1277-1286.

[80] Lawrence R V. Interceptor line-of-sight rate steering: Necessary conditions for a direct hit. Journal of Guidance, Control, and Dynamics, 1998, 21(3):471-476.

[81] 谷志军. 拦截机动目标末制导技术研究. 长沙:国防科学技术大学, 2009.

[82] 黎克波,陈磊,唐国金. 拦截大气层内高速目标的改进微分几何制导指令. 中国科学:技术科学, 2013, 43(3):326-336.

[83] 马克茂,马杰. 机动目标拦截的变结构制导律设计与实现. 宇航学报, 2010, 31(6): 1589-1595.

[84] Mizukami K, Eguchi K. A geometrical approach to problems of pursuit-evasion games. Journal of the Franklin Institute, 1977, 303(4):371-384.

[85] Chung C F, Furukawa T, Goktogan A H. Coordinated control for capturing a highly maneuverable evader using forward reachable sets. 2006 IEEE International Conference on Robotics and Automation(ICRA), Orlando, 2006:1336-1341.

[86] Althoff M, Althoff D, Wollherr D, et al. Safety verification of autonomous vehicles for coordinated evasive maneuvers. IEEE Intelligent Vehicles Symposium, San Diego, 2010: 1078-1083.

[87] Althoff M, Dolan J M. Set-based computation of vehicle behaviors for the online verification of autonomous vehicles. International IEEE Conference on Intelligent Transportation Systems(ITSC), Washington, D. C., 2011:1162-1167.

[88] Du L, Liu H, Bao Z, et al. Radar HRRP target recognition based on higher order spectra. IEEE Transactions on Signal Processing, 2005, 53(7):2359-2368.

[89] Kou T, Zhou Z, Liu H, et al. Multi-band composite detection and recognition of aerial infrared point targets. Infrared Physics and Technology, 2018, 94:102-109.

[90] Duan H, Gan L. Elitist chemical reaction optimization for contour-based target recognition in aerial images. IEEE Transactions on Geoscience and Remote Sensing, 2015, 53 (5): 2845-2859.

[91] Huan R, Pan Y. Target recognition for multi-aspect SAR images with fusion strategies. Progress in Electromagnetics Research, 2013, 134:267-288.

[92] Salmon D M, Helne W. Reachable sets analysis: An efficient technique for performing missile/sensor tradeoff studies. AIAA Journal, 1973, 11(7):927-931.

[93] Robb M, White B A, Tsourdos A, et al. Reachability guidance: A novel concept to improve mid-course guidance. Proceedings of the 2005 American Control Conference, Portland, 2005.

[94] Chung C F, Furukawa T. A reachability-based strategy for the time-optimal control of au-

tonomous pursuers. Engineering Optimization,2008,40(1):67-93.

[95] Su W,Li K,Chen L. Coverage-based cooperative guidance strategy againsthighly maneuvering target. Aerospace Science and Technology,2017,71:147-155.

[96] Su W,Shin H,Chen L,et al. Cooperative interception strategy for multiple inferior missiles against one highly maneuvering target. Aerospace Science and Technology, 2018, 80: 91-100.

第 2 章　基于遗传算法和数据挖掘的气动外形优化

2.1　概　　述

根据导弹的性能需求设计导弹的气动外形是一个耗费资源和时间的过程。20世纪 60 年代,气动设计从实验法转变为逆设计法;进入 70 年代,随着计算机技术的不断进步,基于计算流体力学(computational fluid dynamics,CFD)的气动设计方法开始发展,气动优化设计成为导弹气动外形设计的重要手段[1]。

目前,导弹气动优化设计的主流优化方法有梯度优化法、进化优化法和混合优化法,但基于梯度法[2,3]的优化设计容易陷入局部最优,如遗传算法[4]、粒子群优化[5]等进化优化方法虽然可以得到全局最优解,但计算效率低,收敛速度慢。因此,兼具二者优点的混合优化方法,即收敛速度快、计算效率高的优化方法逐渐引起了研究人员的兴趣[6,7]。

多目标优化方法被广泛应用于各个学科,可以避免多个目标的冲突和矛盾,获得 Pareto 最优解集,对导弹气动性能的多目标优化也具有重要意义[8,9]。在实际优化设计中,多目标优化问题往往需要满足多个性能目标。例如,导弹的气动优化涉及复杂的设计要求[10,11]。虽然主目标函数升阻比由导弹形状、尺寸、位置等设计参数以及约束条件决定,但不同的任务需求也会有不同的目标函数,需要考虑更多的设计参数[12]。

一般来说,气动优化设计方法是将 CFD 技术与优化方法相结合,将设计问题转化为满足约束条件的目标函数的极值解问题。导弹气动外形设计是一个工程估算、CFD 计算、风洞试验的迭代过程,忽略了中间设计状态所隐含的大量设计知识。因此,从仿真和实验数据中提取和重用知识将是提高优化效率的关键,目前随着数据挖掘在工程和信息技术领域的成功应用,利用数据挖掘技术提高飞机气动性能的尝试越来越多。Chiba 等[13]使用方差分析(analysis of variance,ANOVA)、自组织映射(self-organizing map,SOM)神经网络和粗糙集理论(rough set theory,RST)来挖掘设计参数与性能参数之间的关系。Jeong 等[14]探讨了机翼外形设计中的数据挖掘方法,包括 SOM、决策树和关联规则。Yin 等[15]列举了计算机生成兵力(computer generated force,CGF)行为建模中出现的数据挖掘理论和技术,并对其进行了改进,以获得更高的效率。此外,Monroe 等[16]为航空航天领域引入了几种特定的数据挖掘系统。

为了解决现有优化算法在气动优化中不能充分利用先验知识,导致收敛速度慢的问题,本章提出一种设计导弹气动外形的新方法。该方法可以看作是结合快速非支配排序遗传算法(non-dominated sorted genetic algorithm-II,NSGA-II)和数据挖掘技术的改进型 NSGA-II,在最终优化进行阶段无需人工干预,能实现全自动优化,进一步提高优化效率。一方面,数据挖掘能够充分利用仿真和实验数据中隐含的气动外形设计规则;另一方面,多目标遗传算法(multi-objective genetic algorithm,MOGA)适用于航空航天领域中复杂工程问题的寻优。因此,数据挖掘技术和 MOGA 都被纳入新的改进的 NSGA-II 中,采用聚类分析[17]和决策树[18]两种数据挖掘技术,从半经验方法中提取规则以建立知识库。此外,在寻找最优解的同时,还使用有针对性的变异策略和动态算子来指导种群的进化。最后,通过 CFD 方法对原始的 NSGA-II 和改进的 NSGA-II 获得的结果进行对比和分析。

2.2　预 备 知 识

2.2.1　气动估算软件 Datcom

在导弹的初步设计中,需要快速经济地估算出较宽范围内的导弹外形设计方案,由于最终的形状和气动性能还需要考虑各子系统,如有效载荷、推进系统的选取及发射机制,设计者必须能够准确估测较大范围内的外形。Datcom 作为一款计算机软件,用于预测导弹的气动特性和飞行性能。它是由美国国防部国防高级研究计划局(Defense Advanced Research Projects Agency,DARPA)开发的,其基于大量的实验数据和经验,创建了复杂的数学模型用来描述导弹的气动特性,这些模型可以用来进行气动性能预测,以指导导弹设计的方向,帮助设计师在不进行昂贵的物理实验的情况下进行初步设计和分析。因此,Datcom 是一个用于支持导弹气动设计和分析的强大工具,特别是在军事和国防领域该软件适用于多种类型导弹的设计,其主要功能如下。

(1)气动设计分析:该软件可用于进行导弹的气动设计和分析,包括气动力和力矩的计算。它可以用于不同类型的导弹,包括巡航导弹、弹道导弹和飞行器。

(2)飞行力学分析:Datcom 提供了导弹的飞行力学性能分析,包括稳定性和控制特性、稳定曲线、控制导数和稳定导数等。

(3)飞行性能评估:该程序用于预测导弹的飞行性能,包括飞行速度、飞行高度、有效射程、最大俯仰角和最大偏航角等。

(4)参数化模型:Datcom 使用参数化的模型来表示导弹的几何形状、机翼配置、机身形状等,以便用户灵活地定义不同设计方案的导弹。

(5)输出结果:该软件能产生详细的输出结果,包括气动数据、飞行力学特性和性能参数,以帮助工程师和设计师评估和改进导弹的设计方案。

在 Datcom 中,一枚常规导弹的设计由下面几部分组成:

(1)轴对称或椭圆形弹体。

(2)在弹体鼻锥到弹体底部之间,沿弹体布置 1~4 套翼面装置,每套装置可由在相同纵向位置的绕弹体固定的 1~8 个相同的翼面组成,每个翼面可以独立偏转,如全动翼面或带有后缘襟翼的固定翼面。

(3)动力推进系统。

为了尽可能减少需要输入数据的数量,将常用的输入值设为默认值。不过,为了更准确地对所需外形建模,程序中的所有默认值都可由使用者重新赋值。

2.2.2　聚类分析

聚类分析是一种无监督学习方法,用于将数据集中的对象分成具有相似特征的组或簇。这些组内的对象应该在某种度量标准下更相似(相关),而不同组之间的对象则应该在相同度量标准下更不相似(不相关),这种分组或簇可以帮助人们识别数据中的模式、结构和隐藏的关系,进而更好地理解数据。组内相似性越大,组间差距越大,说明聚类效果越好,也就是说,聚类的目标是得到较高的簇内相似度和较低的簇间相似度,使得簇间的距离尽可能大,簇内样本与簇中心的距离尽可能小。聚类得到的簇可以用聚类中心、簇大小、簇密度和簇描述等来表示:聚类中心通常是一个簇中所有样本点的均值,也称为质心,代表了该簇的中心位置,可以用于标识簇的特点。簇大小表示簇中包含的样本数量,这是一个重要的指标,可以用来评估簇的大小和紧密度,较大的簇可能表示更广泛的类别,而较小的簇可能代表更具特定性质的子类别。簇密度指的是簇中样本点的紧密程度,即数据点之间的相似性,高密度的簇意味着簇中的数据点在特征空间中更接近,而低密度的簇可能包含较分散的数据点,密度聚类方法就是基于这一思想。簇描述包括簇中样本的业务特征或属性,这些特征可以帮助解释簇的含义。例如:对于市场分割,可能涉及不同消费者群体的购买习惯;对于图像分割,可能涉及不同对象的形状和颜色等特征。

典型的聚类过程主要包括以下步骤[19-21]。

(1)数据准备:收集和准备要分析的数据集,确保数据符合聚类分析的要求。进行数据清洗,处理缺失值和异常值,确保数据质量。

(2)选择相似性度量:根据数据的特性和问题需求,选择适当的相似性度量方法。例如,对于连续数值数据,可以使用欧几里得距离或曼哈顿距离,对于文本数据,可以使用余弦相似性。

（3）选择聚类算法：根据问题的性质和数据的特点选择合适的聚类算法。例如,若已知要分成的簇数目,则可以选择 K-means 聚类；若未知簇数目,则可以使用 DBSCAN（density-based spatial clustering of application with noise）等密度聚类算法。

（4）初始化聚类：对于 K-means 等算法,需要初始化簇中心点。通常,可以随机选择数据点作为初始中心。

（5）迭代聚类：开始迭代聚类算法,根据相似性度量将数据点分配给最接近的簇,更新簇的中心或参数,以减小每个数据点到其所属簇中心的距离。

（6）收敛判定：设置一个停止条件,如迭代次数达到上限或簇分配不再发生变化（簇内平均距离变化小于某个阈值）。

（7）评估聚类结果：使用合适的评估指标来评估聚类结果的质量,如轮廓系数、DB 指数（Davies-Bouldin index, DBI）等。选择最佳的聚类结果,通常是具有最高评估分数的结果。

根据数据聚类规则,本书将聚类算法大致分成层次化聚类算法、划分式聚类算法、基于密度和网格的聚类算法和其他聚类算法四个类别,如图 2.1 所示[22]。

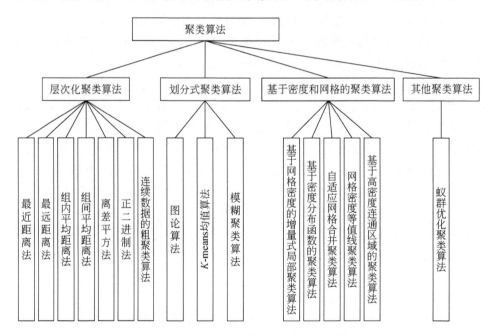

图 2.1　聚类算法分类图

　　层次化聚类算法是一种将数据集划分为一层一层簇的方法,每一层的簇是基于前一层的结果生成的,这种层次性质使得层次化聚类算法可以创建一个树状的聚类结构,这个结构通常称为聚类树(或者聚类谱),聚类树可以显示不同层次上的簇及其之间的关系。划分式聚类算法是一类需要在开始时事先指定簇的数量(K值)或簇的中心点的聚类算法:首先选择 K 个初始的簇中心,反复迭代,将数据点分配到最近的簇中心;然后重新计算簇的中心,直到满足收敛条件。基于密度和网格的聚类算法是在数据中发现高密度区域,从而划分数据点为不同的簇。这些算法适用于各种形状和大小的簇,并且对噪声和离群值具有一定的鲁棒性。本章所要用到的 K-means 算法[23]又名 K 均值算法,是一种最典型的划分式聚类算法。K-means 算法中的 K 表示聚类为 K 个簇,means 代表取每一个聚类中数据值的均值作为该簇的中心,或者称为质心,即用每一个聚类的质心对该簇进行描述。其算法思想大致为:先从样本集中随机选取 K 个样本作为簇中心,并计算所有样本与这 K 个簇中心的距离,对于每一个样本,将其划分到与其距离最近的簇中心所在的簇中,对于新的簇计算各个簇的新的簇中心。实现 K-means 算法主要有以下四点:

　　(1)簇个数 K 的选择:需要确定要将数据分为多少个簇(K 的值)。这通常需要根据问题的需求和数据的特性来选择。一种常见的方法是使用肘部法则(elbow method)或轮廓系数等聚类评估指标来选择合适的 K 值。

　　(2)各个样本点到簇中心的距离:首先针对每个数据点,计算它与每个簇中心之间的距离。通常使用欧几里得距离或其他距离作为衡量标准,然后将数据点分配给距离最近的簇中心,这将形成初始的簇分配。

　　(3)根据新划分的簇,更新簇中心:对于每个簇,计算该簇中所有数据点的平均值,以得到新的簇中心。这些平均值即为新的簇中心,更新后的簇中心用于下一轮迭代。

　　(4)重复上述(2)、(3)过程,直至簇中心没有移动:停止条件通常设置为簇中心不再发生显著变化(即簇中心收敛)或达到最大迭代次数。迭代过程会不断调整簇分配和簇中心,以优化聚类结果。

2.2.3　决策树

　　决策树(decision tree)方法是在已知各种情况发生概率的基础上,通过构造决策树来求取净现值的期望值大于等于零的概率,评价项目风险,判断其可行性的决策分析方法,是直观运用概率分析的一种图解法。由于这种决策分支画成图形很像一棵树的枝干,故称决策树。在机器学习中,决策树是一个预测模型,它代表的是对象属性与对象值之间的一种映射关系。决策树通常有三个步骤:特征选择、决策树的生成、决策树的修剪。决策树的分类过程如下：从根节点开始，对实例的某一特征进行测试，根据测试结果将实例分配到其子节点，此时每个子节点对应该特征的一个取值，如此递归地对实例进行测试并分配，直到到达叶节点，最后将实例分到叶节点的类中。图 2.2 为决策树示意图，黑色圆点代表内部节点，黑色方块代表叶节点。决策树的构建有如下几步。

（1）构建根节点，将所有训练数据都放在根节点，选择一个最优特征，通常使用信息增益（information gain）、基尼不纯度（Gini impurity）等标准来选择。按照这一特征将训练数据集分割成子集，使得各个子集有一个在当前条件下最好的分类。

（2）如果这些子集已经能够被基本正确分类，那么构建叶节点，并将这些子集分到所对应的叶节点。

（3）如果还有子集不能够被正确地分类，那么就对这些子集选择新的最优特征，继续对其进行分割，构建相应的节点。继续进行递归，直至所有训练数据子集都被正确地分类，或者没有合适的特征可供分割。

（4）每个子集都被分到叶节点上，即都有了明确的类，这样就生成了一棵决策树。

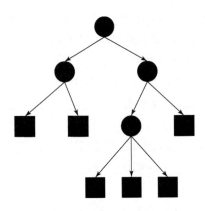

图 2.2　决策树示意图

C4.5[24]是较早提出的、使用最为普遍的决策树分类算法之一。其定义为：假设 T 为训练集，为 T 构造决策树时，根据信息增益值选择作为分裂节点的属性及标准，按照此标准将 T 分成 n 个子集。若第 i 个子集 T_i 含有的元组的类别一致，则该节点就成为决策树的叶节点而停止分裂；对于不满足此条件的 T 的其他子集，按照上述方法继续分裂直至所有子集所含元组都属于一个类别。其算法流程如图 2.3 所示。C4.5 算法在决策树构建中充分考虑了信息熵和特征选择，因此生成的决策树通常具有较好的泛化能力和可解释性。

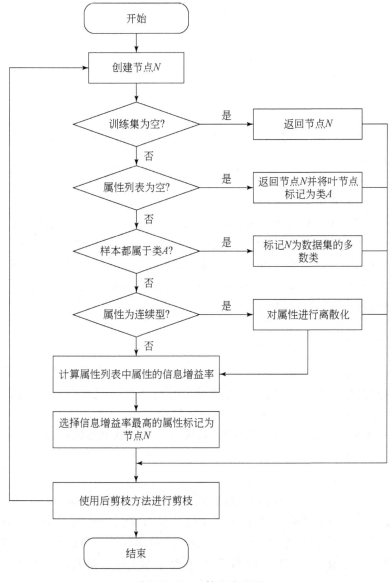

图 2.3　C4.5 算法流程图

2.2.4　帕累托相关概念

1. 帕累托理论

帕累托(Pareto)理论,也称为 Pareto 法则或 Pareto 原理,最早由意大利经济学家 Pareto[25]提出,其核心思想可以总结为以下几点。

(1)不均衡性:Pareto 理论强调不均衡性,即一小部分因素对整体结果产生了显著的影响,而大多数因素只对结果产生了较小的影响。

(2)80/20 法则:Pareto 法则的一个常见表述是"80/20 法则",即在许多情况下,约 20%的因素会导致约 80%的结果。这意味着少数重要因素占据了大多数结果的比例。

(3)精英效应:Pareto 理论强调在社会和经济中存在的"精英效应",即一小部分人或组织通常控制了大多数资源和权力。

(4)重尾分布:Pareto 理论通常涉及"重尾分布",即其中一小部分事件、因素或现象贡献了大多数结果。这种分布反映了不均衡现象。

Pareto 理论在各种领域中都有应用。它有助于决策者理解问题的根本性质,集中资源和注意力于最重要的因素,优化资源分配,提高效率和决策质量。

尽管 Pareto 法则通常以"80/20 法则"为例,但它实际上描述了一种普遍现象,其中比例可能会有所不同。Pareto 理论的关键在于强调了不均衡性和重要性分布不均衡的现象,无论具体的比例是多少。

2. Pareto 解

Pareto 解是多目标优化问题中的一个重要概念。在多目标优化中,通常存在多个冲突的目标函数,寻找解决方案需要在这些目标之间找到一种权衡。Pareto 解作为这个权衡中的一组特殊解,具有以下特点。

(1)非支配性:Pareto 解是非支配的,这意味着没有其他解可以在所有目标函数上优于它。在多目标优化中,解的非支配性是关键特征,因为寻找的解决方案不应在任何一个目标上被其他解支配。

(2)Pareto 前沿:Pareto 解集合通常称为 Pareto 前沿。Pareto 前沿是多目标优化问题中的一组最佳解,它们代表了不同的权衡,在 Paret 前沿中的所有解皆不受 Pareto 前沿之外的解支配。因此,这些解之间没有一个可以称为绝对最优,它们在不同的目标函数上具有不同的优势,在某个非支配解的基础上改进任何目标函数的同时,必然会削弱至少一个其他目标函数。

(3)多样性:Pareto 前沿中的解决方案通常在不同目标函数上表现出多样性,因为它们代表了不同的权衡和优势。这种多样性有助于决策者选择最合适的解决方案,根据问题的具体需求和权重来做出决策。

(4)权衡解:Pareto 解通常代表了目标之间的一种权衡,没有一个单一的解可以在所有目标上实现最优性。因此,Pareto 解集合为决策者提供了在不同目标之间权衡的选项。

Pareto 解在多目标优化问题中具有重要作用,因为它们提供了多样性的最佳解决方案,并帮助决策者根据问题的具体需求和权重进行权衡。如 NSGA-II 等非支配排序算法通常用于找到 Pareto 前沿,帮助解决多目标优化问题。

2.2.5　遗传算法

遗传算法[26]是由美国密歇根大学的 Holland 教授首先提出,后经 DeJong、Goldberg 等归纳总结所形成的一类模拟进化算法。它来源于达尔文的进化论、魏斯曼的种质连续学说和孟德尔的经典遗传学。遗传算法是模拟自然界生物进化过程与机制求解极值问题的一类自组织、自适应人工智能算法,其基本思想是模拟自然界遗传机制和生物进化论而形成的一种过程搜索最优解的算法,具有坚实的生物学基础;它从智能生成过程的角度模拟生物智能机制,具有鲜明的认知学意义;它适合于无表达或有表达的任何类函数,具有可实现的并行计算行为;它能解决任何种类实际问题,具有广泛的应用价值。因此,遗传算法广泛应用于自动控制、计算科学、模式识别、工程设计、智能故障诊断、管理科学和社会科学等领域,适用于解决复杂的非线性和多维空间寻优问题。

尽管遗传算法在许多领域都得到了广泛应用,但仍存在局部搜索能力差、搜索速度较慢等不足。因此在传统遗传算法的基础上,人们提出了许多衍生的遗传算法类型。例如,Goldberg 等[27]提出的小生境遗传算法(niche genetic algorithm,NGA)正是从简单的遗传算法在选择过程中发展而来的,专门用于解决多模态优化问题,以找到不同的局部最优解。在 NGA 中,通过引入适应值共享机制,调节个体的适应度,以维护种群的多样性和创造小生境的进化环境,从而提高了算法的全局搜索能力。Deb 的团队[28]于 1994 年提出的非支配排序遗传算法(non-dominated sorting genetic algorithm,NSGA)同样是衍生遗传算法的经典代表之一。它通过对种群进行非支配排序,将解划分为多个等级,以找到非支配解,并使用拥挤度距离来维护前沿中的多样性。然而,这些非支配排序和共享的多目标进化算法仍存在缺陷:计算复杂度为 $O(MN^3)$,其中 M 是目标数量,N 是种群规模,因此随着目标数增加,非支配解的比例呈指数级增长(维数灾难),会导致算法效率显著下降;采用非精英主义策略,绝大多数个体均处于同一非支配层,导致无法有效区分解的优劣,削弱了算法的收敛能力;优化过程中需要指定共享参数,参数设置不当将影响优化效果。直到 2000 年,Deb 的团队[29]通过对 NSGA 的进一步研究,提出了 NSGA-II 以解决上述三个问题,具体来说是提出了一种具有 $O(MN^2)$ 计算复杂度的快速非支配排序方法。此外,该团队还提出了一种选择算子,该算子通过组合父母和后代种群并选择最佳解决方案来创建交配池。其主要思想如下:首先,将所有个体分为支配和非支配两种类型;其次,引入基于非支配个体和拥挤距离的精英主义策略，以提高收敛性和鲁棒性；最后，通过比赛选择、模拟的二进制交叉和多项式变异，可以获得 Pareto 最优解。其方法流程图如图 2.4 所示。

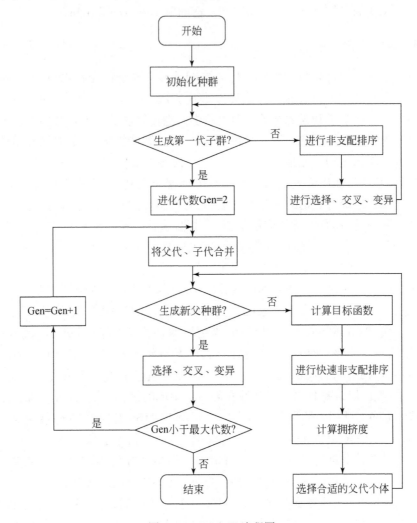

图 2.4　NSGA-Ⅱ流程图

这些衍生的遗传算法相较于原始的遗传算法在寻优能力和收敛速度方面有了一定的提升，但收敛速度还是不够令人满意，究其原因主要是没有先验知识的加入和利用，由于已有种群对遗传算法的性能有很大的影响，所以工程上常用的加快收敛速度的方法是人为地将性能较优的个体作为先验知识加入种群，该方法虽然有效，但对高维度的优化问题来说，获取性能较优的个体本身也较为困难，而且人为修改种群的操作会大大降低整个优化过程的效率。

综上,现有的遗传算法没有能够充分提取和利用气动优化领域内的先验知识,使得优化过程的收敛速度不够理想。

2.3　导弹气动外形参数设计

本章所考虑的是关于典型鸭式气动布局导弹的设计优化问题。导弹的几何草图如图 2.5 所示,设计参数在表 2.1 中给出。

导弹采用对称六边形翼型和锥形头,因此 LMAXL1＝LMAXU1,LMAXL2＝LMAXU2,LFLATL1＝LFLATU1,LFLATL2＝LFLATU2,ZLOWER1＝ZUPPER1,ZLOWER2＝ZUPPER2。弹翼和尾翼的后缘垂直于导弹弹体轴线,因此 SWEEP1 可以由 CHORD1_1、CHORD1_2 和 SSPAN1_2 确定,SWEEP2 可以由 CHORD2_1、CHORD2_2 和 SSPAN2_2 确定。目前,LCENTER 和 DCENTER 主要由导弹总体设计过程中的组件布置决定,这两个参数在优化过程中保持不变。因此,有 27 个独立的设计参数,每个参数都受到下限和上限的约束。

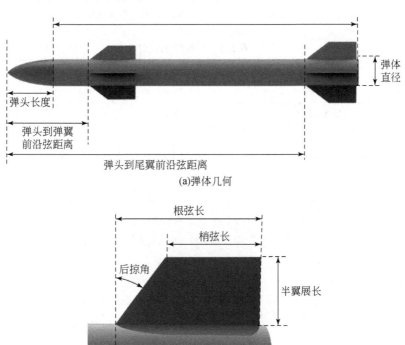

(a)弹体几何

(b)机翼/尾翼几何

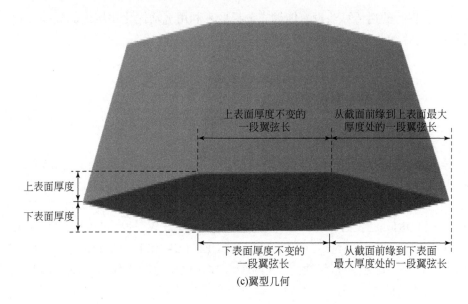

(c)翼型几何

图 2.5　鸭式气动布局导弹的几何草图

表 2.1　导弹气动设计参数

导弹部位	参数符号	参数定义	参数下限	参数上限
导弹鼻锥	LNOSE	弹头长度	0.1	0.2
弹体	LCENTER	弹体长度	—	—
	DCENTER	弹体直径	—	—
弹翼	XLE1	弹头到弹翼前缘弦的距离	0.2	0.45
	SWEEP1	弹翼前缘后掠角	—	—
	CHORD1_1	翼根弦长	0.1	0.4
	CHORD1_2	翼梢弦长	0	0.09
	CR1	弹翼翼根弦长与翼尖弦长之比	0	0.4
	SSPAN1_2	弹翼半翼展长	0.08	0.4
	ZUPPER1	弹翼上表面的厚度与弦长之比	0.01	0.05
	ZLOWER1	弹翼下表面的厚度与弦长之比	—	—
	LMAXU1	从截面前缘到上表面最大厚度处的翼弦长	0	0.5
	LMAXL1	从截面前缘到下表面最大厚度处的翼弦长	0	0.5
	LFLATU1	弹翼上表面等厚度截面长度与弦长之比	—	—
	LFLATL1	弹翼下表面等厚度截面长度与弦长之比	—	—

续表

导弹部位	参数符号	参数定义	参数下限	参数上限
	XLE2	弹头到尾翼前缘弦的距离	2	2.6
	SWEEP2	弹翼后缘后掠角	—	—
	CHORD2_1	尾根弦长	0.1	0.5
	CHORD2_2	尾梢弦长	0	0.25
	CR2	尾翼翼根弦长与翼尖弦长之比	0	0.4
尾翼	SSPAN2_2	尾翼半翼展长	0.08	0.4
	ZUPPER2	尾翼上表面厚度与弦长之比	0.01	0.05
	ZLOWER2	尾翼下表面厚度与弦长之比	—	—
	LMAXU2	从截面前缘到下表面最大厚度处的翼弦长	0	0.5
	LMAXL2	从截面前缘到下表面最大厚度处的翼弦长	0	0.5
	LFLATU2	尾翼上表面恒厚截面长度与弦长之比	—	—
	LFLATL2	尾翼下表面恒厚截面长度与弦长之比	—	—

导弹气动优化的目的是增加飞行航程和过载能力,因此需要考虑的两个目标函数是最小阻力系数C_D和最大升力系数C_L[31]。优化结果中的升阻比C_L/C_D应不小于 1.5。同时,保持导弹的静稳定性很重要,否则优化结果可能会无效。静态裕度是压力中心与重心之间的距离,导弹的重心位置X_{CG}被设定为导弹弹体的几何中心。由于导弹尾翼的质量相对于主体较小,为简化计算,在优化过程中忽略了导弹尾翼对质心变化的影响。因此,需要考虑压力中心X_{CP}的位置,这是现有的一些研究没有给予足够重视的因素[32]。整个优化问题可以总结如下。

流动状态:飞行马赫数为 2.2

　　　　　飞行高度 4000m

　　　　　迎角为 4°

目标函数:最大升力系数C_L

　　　　　最小阻力系数C_D

约束条件:$C_L/C_D > 1.5$

设计参数必须服从数值限制

X_{CP}的变化率应保持在$[-5\%, 5\%]$

在本章中,X_{CP}是从重心测量的,与重心位置X_{CG}作差并除以导弹的总长度,正值表示正静稳定性,保持X_{CP}的目的是平衡弹翼和弹尾的气动力矩。气动力矩基本上与翼型面积以及力臂成正比,因此可以通过在生成导弹外形构型的过程中,放大或缩小弹翼或弹尾面积和调整力臂的长度来保持弹翼力矩与弹尾力矩的比率进行维持X_{CP}。整个优化问题可以用以下公式描述：

$$\frac{S_{\mathrm{w}}\Delta r_{\mathrm{ws}}L_{\mathrm{w}}\Delta r_{\mathrm{wl}}}{S_{\mathrm{t}}\Delta r_{\mathrm{ts}}L_{\mathrm{t}}\Delta r_{\mathrm{tl}}}=C \tag{2-1}$$

$$L_{\mathrm{w}}=X_{\mathrm{CG}}-\mathrm{XLE1} \tag{2-2}$$

$$L_{\mathrm{t}}=\mathrm{XLE2}-X_{\mathrm{CG}} \tag{2-3}$$

$$S_{\mathrm{t}}=\frac{(\mathrm{CHORD2\_1}+\mathrm{CHORD2\_2})\cdot\mathrm{SSPAN2\_2}}{2} \tag{2-4}$$

$$S_{\mathrm{w}}=\frac{(\mathrm{CHORD1\_1}+\mathrm{CHORD1\_2})\cdot\mathrm{SSPAN1\_2}}{2} \tag{2-5}$$

其中，C 为在优化过程中应保持恒定的弹翼力矩和弹尾力矩的比率；S_{w} 和 S_{t} 分别代表弹翼和弹尾的面积；L_{w} 和 L_{t} 分别代表弹翼和弹尾的空气动力臂；Δr_{ws}、Δr_{wl}、Δr_{ts} 和 Δr_{tl} 分别表示弹翼面积、弹翼力臂长度、弹尾面积和弹尾力臂长度的变化率。

2.4　数据挖掘与知识提取

为了改进目前的 NSGA-II，使用聚类分析和决策树的方法提取优化规律，为算法中的种群演化提供指导和支撑。由于 Datcom 计算软件采用半经验估算方法，使用了大量风洞试验数据作为计算依据，因此可以作为一个理想的气动外形优化知识来源。建立知识库分为两个主要步骤，即半经验估算和数据挖掘，如图 2.6 所示。

2.4.1　样本数据生成

通过重写 Datcom 输入文件中的设计参数，调用可执行的计算程序，通过仿真软件[33]读取输出文件，实现导弹气动性能的自动循环计算。在设计空间内使用实验设计（design of experiment，DOE）[34]方法，包括最优拉丁超立方采样等，使得采集的样本设计参数尽量均匀地分布在整个设计空间内，并获得如表 2.2 所示的 2000 组候选设计参数。

2.4.2　聚类分析

样本数据需要先离散化，再用于后续的决策树算法处理。因此，这里采用 K-means 算法进行聚类。样本数据每个参数的值分为不同的级别。为了在知识的过度拟合与模糊性之间取得平衡，本研究将等级数设置为 4。表 2.3 显示了每个参数的聚类中心，表中符号"/"之前的实数是聚类中心值，"/"之后的整数是相应的级别，该值的级别由该值到聚类中心的线性距离确定。表 2.4 显示了聚类处理后的样本数据。

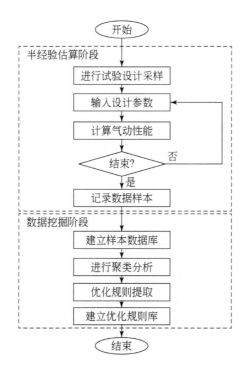

图 2.6　建立知识库的流程图

表 2.2　样本数据

样本序号	设计参数					目标参数	
	CHORD1_1	CR1	⋯	ZUPPER1	ZUPPER2	C_D	C_L
1	0.2000	0.6833	⋯	0.0387	0.0314	0.647	0.869
2	0.2998	0.0921	⋯	0.0451	0.0201	0.849	0.881
⋮	⋮	⋮	⋮	⋮	⋮	⋮	⋮
2000	0.3877	0.0490	⋯	0.0451	0.0229	1.258	1.51

表 2.3　每个参数的聚类中心

设计参数					目标参数	
CHORD1_1	CR1	⋯	ZUPPER1	ZUPPER2	C_D	C_L
0.2250/1	0.1248/1	⋯	0.0167/1	0.0167/1	0.8000/1	0.8212/1
0.2750/2	0.3749/2	⋯	0.0262/2	0.0358/2	0.9641/2	1.0400/2
0.3250/3	0.6251/3	⋯	0.0358/3	0.0358/3	1.1524/3	1.5814/3
0.3750/4	0.8752/4	⋯	0.0453/4	0.0453/4	1.3760/4	2.0781/4

表 2.4　聚类处理后的样本数据

样本序号	设计参数					目标参数	
	CHORD1_1	CR1	⋯	ZUPPER1	ZUPPER2	C_D	C_L
1	1	3	⋯	3	3	1	1
2	2	1	⋯	4	1	1	1
⋮	⋮	⋮		⋮	⋮	⋮	⋮
2000	4	1	⋯	4	2	3	3

2.4.3　决策树与 Pareto 分析

基于粗糙集理论[35],利用决策树算法 C4.5 对离散化样本数据进行规则提取。粗糙集理论是一种新的针对模糊性数据的挖掘方法,它能够发现隐藏在数据中的重要规律,可以在数据库或信息系统中不添加新属性的情况下有效运行,不需要更新数据集,能有效地生成完整、有效且不重复的决策规则。因此,提取的规则能够以较高的支持度满足可靠性要求[36]。表中,规则分为正规则和负规则,分别代表对目标函数有利和不利的规则。表 2.5 显示了支持度超过 85% 的正规则和支持度超过 80% 的负规则。

表 2.5　导弹气动优化规则的提取

序号	正规则	支持度/%
1	if CHORD1_1=1 and CR2=2 and LNOSE=4 and ZUPPER2=1 then CD=1	93.3
2	if LNOSE=3 and SSPAN2_2=1 then CD=1	91.3
3	if LFLATU1=1 and LNOSE=4 and SSPAN1_2=1 and ZUPPER2=2 then CD=1	90.9
4	if LNOSE=4 and SSPAN2_2=1 and ZUPPER2=3 then CD=1	90.9
5	if CHORD1_1=1 and LNOSE=4 and SSPAN1_2=2 then CD=1	87.5
6	if LNOSE=4 and SSPAN1_2=2 and ZUPPER1=2 and ZUPPER2=1 then CD=1	85.7
7	if CHORD1_1=2 and LMAXU2=3 and LNOSE=3 and SSPAN1_2=3 then CD=2	88.9
8	if CHORD2_1=3 and CR2=2 and SSPAN2_2=3 then CL=3	94.7
9	if CHORD1_1=4 and CR2=2 and SSPAN1_2=2 and SSPAN2_2=3 then CL=3	91.3
10	if CHORD1_1=4 and CHORD2_1=1 and CR2=2 and SSPAN1_2=2 and SSPAN2_2=4 then CL=3	87.5
11	if CHORD2_1=4 and CR2=1 and SSPAN2_2=3 then CL=3	85.3
12	if CHORD2_1=4 and CR2=3 and SSPAN2_2=3 then CL=4	92.3
13	if CHORD2_1=4 and CR2=4 and SSPAN2_2=3 then CL=4	90.5
14	if CHORD2_1=3 and CR2=4 and SSPAN2_2=3 then CL=4	86.7

续表

序号	负规则	支持度/%
15	if CHORD1_1=3 and CR2=1 and LNOSE=2 and SSPAN1_2=3 then CD=3	83.3
16	if CHORD1_1=3 and CR1=2 and SSPAN1_2=4 and XLE1=1 then CD=3	83.3
17	if CHORD1_1=4 and LNOSE=4 and SSPAN1_2=4 then CD=3	80
18	if CHORD1_1=3 and CR1=3 and LFLATU2=4 and SSPAN1_2=4 then CD=4	85.7
19	if CHORD1_1=4 and LNOSE=3 and SSPAN1_2=3 and XLE1=2 and ZUPPER1=4 then CD=4	83.3
20	if CHORD2_1=1 and CR2=3 and SSPAN2_2=2 and XLE2=1 then CL=1	90
21	if CR2=1 and SSPAN2_2=1 then CL=1	89.9
22	if CR2=3 and XLE1=4 then CL=1	84.6
23	if CHORD1_1=1 and SSPAN2_2=1 then CL=1	80.4
24	if CHORD2_1=2 and SSPAN1_2=1 and SSPAN2_2=3 then CL=2	94.4
25	if CHORD1_1=1 and CR2=4 and SSPAN1_2=3 and SSPAN2_2=1 then CL=2	88.9
26	if CHORD1_1=3 and SSPAN1_2=2 and SSPAN2_2=1 then CL=2	85.2
27	if CHORD1_1=1 and CR2=2 and SSPAN1_2=2 and SSPAN2_2=4 then CL=2	80

　　Pareto ANOVA 是一种典型的数据挖掘方法[37]，它通过分析设计参数方差的影响来量化设计参数对目标参数的贡献。图 2.7 显示了利用 Pareto ANOVA 获得的设计参数对目标的影响，可以看出 LNOSE 对 C_D 的负贡献约为 13%，这表明增加弹头长度可以显著减小阻力系数；同时，增加 LMAXU2、LMAXU1 也可以减

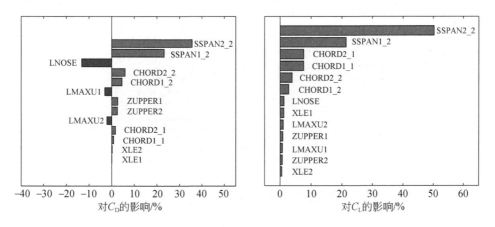

图 2.7　采用 Pareto ANOVA 对设计参数的影响分析

少阻力系数；SSPAN2_2、SSPAN1_2、CHORD2_2 和 CHORD1_2 对升力系数和阻力系数都有正贡献。因此，应更加注意弹头形状和翼型轮廓的优化，以权衡各项目标。

2.5　基于知识转移的改进遗传算法

2.5.1　知识实现

图 2.8 为改进的 NSGA-II 的算法流程。通过 Datcom 或 Fluent 等气动预测程序计算个体适应度，通过仿真软件实现迭代循环，与使用替代模型[38]进行优化相比，该方法具有较好的精度和适应性。在具体操作过程中，将所有的个体连同适应度一起导入知识库中进行模式匹配，此外还引入了种群熵来估计种群多样性。

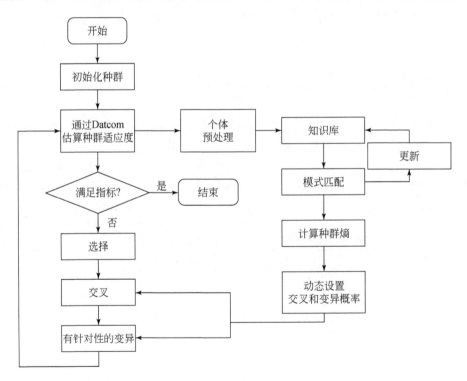

图 2.8　改进的 NAGA-II 的算法流程图

1. 规则匹配

预处理方法与聚类分析相同，目的是使种群适合模式匹配。由于不同的设计

参数对目标参数的影响不同,因此使用加权相关系数来计算个体 I 与规则 R 之间的匹配度,匹配度的计算公式为

$$M(I,R)=\frac{\sum_{j\in R_C} w_j(i_j-\bar{i})(r_j-\bar{r})}{\sqrt{\sum_{j\in R_C}(i_j-\bar{i})^2\sum_{j\in R_C}(r_j-\bar{r})^2}}\tag{2-6}$$

其中,w_j 为通过 ANOVA 得到的第 j 个设计参数权重;i_j 和 r_j 分别为个体和规则的第 j 个设计参数;$\bar{i}$ 和 $\bar{r}$ 分别为个体和规则设计参数的均值。与规则库中的规则逐条对比后,找出匹配度最高的规则作为选用规则。

2. 知识库更新

根据目标的价值水平,该规则可分为强正、弱正、弱负和强负四类。强正性是指包括"$C_L=4$"或"$C_D=1$"在内的规则。弱正性是指包括"$C_L=3$"或"$C_D=2$"在内的规则。弱负性是指包括"$C_L=2$"或"$C_D=3$"在内的规则。强负性是指包括"$C_L=1$"或"$C_D=4$"在内的规则。该知识库根据表 2.6 进行了更新。当积极个体与负规则相匹配时,它们之间的差异可能是个体高表现的原因。因此,应该将这些差异转换为新的正规则,并存储在规则库中,以保持高效模式。

表 2.6　知识库更新的规则表

个体匹配规则	强正性	弱正性	弱负性	强负性
强正性 弱正性	无操作		储存新规则	
弱负性 强负性	无操作		无操作	

2.5.2　改进的进化框架

1. 有针对性的变异

从 2000 个样本中提取的知识库包含有关设计参数的优秀模式信息,因此将知识库应用于变异过程中有助于加速收敛。然而,当个体的适应度达到较高水平时,知识库可能会成为搜索过程的局限,容易导致收敛到局部最优。因此,在这种情况下应该停止知识库对变异过程的指导,让个体在这个时期自由进化。有针对性的变异流程图如图 2.9 所示。

变异过程采用基于变异算子的多项式变异方法,相关的匹配规则表示如下:

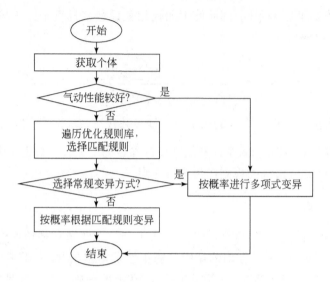

图 2.9　有针对性的变异流程图

$$I_j(t+1)=cR_{C_j} \tag{2-7}$$

其中,c 为一个均匀分布在区间$[0.9,1.1]$内的随机数;R_{C_j} 为匹配规则中第 j 个设计参数的聚类中心值。

2. 动态算子

遗传算子的常规设置方法一般是静态的,这些参数值会根据经验预先设置,并在执行过程中保持不变,但按照经验设置的遗传算子不能适应所有情况。例如,为了保证种群多样性,避免过早收敛,应增加早期变异概率;相反,为提高后期搜索的稳定性和精度,应降低变异概率。这是动态运算符相对于静态运算符的优势。

遗传算子的值由种群熵和个体的适应度确定。本研究引入了 Jiang 等[39] 提出的种群熵。在引入总体熵之前,历代种群的归一化方法描述为

$$r_{j,i}(t)=\frac{P_{j,i}(t)-P_{i,\min}(t)}{P_{i,\max}(t)-P_{i,\min}(t)} \tag{2-8}$$

其中,$P_{j,i}(t)$ 为第 t 代第 j 个个体的第 i 个设计参数的值;$r_{j,i}(t)$ 为相应的归一化值;$P_{i,\min}(t)$ 和 $P_{i,\max}(t)$ 为种群中第 i 个设计参数的最小值和最大值。因此,每个个体的设计参数都可以归一化为$[0,1]$。

假设$r_{\mathrm{all},i}(t)$是第 t 代的第 i 个设计参数的归一化值集,其规模大小等于种群规模大小 N。将$r_{\mathrm{all},i}(t)$划分为 m 个区间,区间$k_{i,1},k_{i,2},\cdots,k_{i,m}$分别包含$r_{\mathrm{all},i,1}(t)$,$r_{\mathrm{all},i,2}(t),\cdots,r_{\mathrm{all},i,m}(t)$个个体。第 t 代总体熵的计算公式为

$$E(t) = -\sum_{i=1}^{l}\sum_{n=1}^{m}\frac{k_{i,n}}{N}\ln\frac{k_{i,n}}{N} \tag{2-9}$$

其中，l 为设计参数的总数。

大的种群熵保证了种群多样性，为获得优秀个体提供了更好的机会。当种群熵较大时，为了保持和传播个体的良好模式，应减少变异概率并增加交叉概率；相反，当种群熵较小时，应增加变异概率以避免过早收敛。下式描述了调整变异和交叉概率范围的方法，即

$$p_{c,\min}(t) = p_{c,\min} + (p_{c,\max} - p_{c,\min})\alpha(t)$$

$$p_{c,\max}(t) = p_{c,\max}$$

$$p_{m,\min}(t) = p_{m,\min}$$

$$p_{m,\max}(t) = p_{m,\max} - (p_{m,\max} - p_{m,\min})\alpha(t) \tag{2-10}$$

其中，$p_{c,\min}$ 和 $p_{c,\max}$ 为初始交叉概率的下限和上限；$p_{m,\min}$ 和 $p_{m,\max}$ 为初始变异概率的下限和上限；$p_{c,\min}(t)$ 和 $p_{c,\max}(t)$ 为第 t 代交叉概率的下限和上限；$p_{m,\min}(t)$ 和 $p_{m,\max}(t)$ 为第 t 代变异概率的下限和上限；$\alpha(t)$ 为第 t 代的种群熵与最大种群熵之比。当每个个体被分成一个独立的区间（即 $m=N$）时，总体熵达到最大值，因此 $\alpha(t) = E(t)/\log N \in [0,1]$。

动态算子的值的设置思路如下：当个体被归类为高适应度时，应支持其在统计上传播其染色体，因此个体的交叉概率和变异概率应分别增加和减少；相反，对于被归类为低适应度的个体，其交叉概率和变异概率应分别减少和增加。表 2.7 中所示的遗传算子的值设置方法是基于值范围和个体的适应度类型，个体的适应度类型由 C_L/C_D 的值决定，c_{rand} 是在 $[0, 0.5]$ 范围内服从均匀分布的随机数。

表 2.7　根据个体适应度水平设置遗传算子值

个体适应度	交叉算子	变异算子
<2.5	$p_{c,\min}(t) + (p_{c,\max}(t) - p_{c,\min}(t))c_{\text{rand}}$	$p_{m,\max}(t) - (p_{m,\max}(t) - p_{m,\min}(t))c_{\text{rand}}$
>2.5	$p_{c,\max}(t) - (p_{c,\max}(t) - p_{c,\min}(t))c_{\text{rand}}$	$p_{m,\min}(t) + (p_{m,\max}(t) - p_{m,\min}(t))c_{\text{rand}}$

2.6　仿真结果与分析

2.6.1　实验设置

在获得知识库并改进 NSGA-II 之后，将其应用于基于 Fluent 软件的气动外形优化，如图 2.10 所示。Fluent 计算采用雷诺平均纳维-斯托克斯（Reynolds Averaged Navier-Stokes，RANS）方程来描述湍流，并采用 Spalart-Allmaras(S-A)

模型来求解方程,迭代优化计算则通过仿真软件实现。在这之前,先使用 CATIA 软件构建导弹的三维 CAD 基准模型,并使用 ICEM 软件生成相应的网格文件。Fluent 的计算由关联的 Journal 文件驱动。此外,采用网格变形技术[40]根据优化

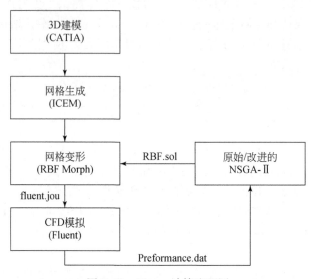

图 2.10　Fluent 计算流程图

结果调整导弹的几何形状和网格,而无须重新建立 CAD 模型,网格变形是通过在 RBF Morph 软件中对每个几何边进行平移和缩放来完成的。RBF Morph 的主要特征是无网格特性,除标准计算外,还保留了网格一致性和低磁盘使用率,其主要优点是在平滑过程中对节点进行精确控制,防止重新划分的网格产生奇异问题和噪声干扰,使其具有优秀的集成性和计算性能。对于本章的基准导弹模型,预先建立一个具有约 300 万网格的非结构化网格,如图 2.11 所示。

图 2.11　基准导弹表面网格模型

建立非结构化网格后,将改进的 NSGA-II 应用于导弹气动外形优化问题,并在相同条件下与原始的 NSGA-II 进行对比。相同条件包括相同的种群规模、相同的初始种群、相同的选择方法。两种算法之间的区别主要体现在变异过程的实现方法和遗传概率的调整机制上,这是本章对传统 MOGA 算法的改进。改进的 NSGA-II 采用 $\eta_c = 2.0$ 的 SBX 交叉, $\eta_m = 5.0$ 的多项式变异,而原始的 NSGA-II 采用恒定的交叉概率 0.8 和变异概率 0.1,改进的遗传算法交叉概率和变异概率初始值范围分别为 $[0.5, 0.9]$ 和 $[0.02, 0.3]$。

2.6.2　仿真结果

图 2.12 显示了改进的 NSGA-II 和原始的 NSGA-II 在第 1、3、5、10、20 和 40 代的搜索结果,图中黑点表示 Pareto 最优解。从搜索历程可以看出,改进的 NSGA-II 在早期的搜索性能要好得多,尤其是收敛速度,这一点可以从 Pareto 前沿的前进速度看出,到了后期,两种算法都收敛了,Pareto 前沿趋于重合。改进的 NSGA-II 在第 20 代获得的最大升阻比优于原始的 NSGA-II 在第 40 代获得的最大升阻比,在获得相似的最大升阻比时,改进的 NSGA-II 节省了 50% 以上的计算

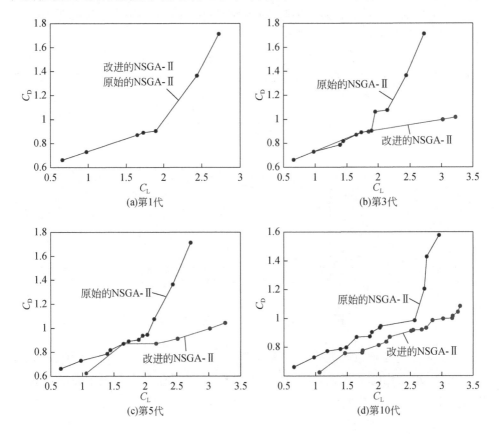

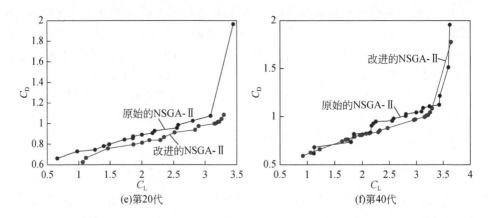

图 2.12　改进的 NSGA-II 和原始的 NSGA-II 在不同代中的搜索结果比较

时间。采用世代距离[41]（generational distance，GD）作为收敛性指标，原始的 NSGA-II 的收敛性为 0.0478，改进的 NSGA-II 的收敛性为 0.0304，收敛性能提高了 36.4%。结果表明，改进的 NSGA-II 在不降低搜索性能甚至搜索性能更好的情况下，显著地加快了收敛速度。因此，应用数据挖掘规则后，改进的 NSGA-II 的优化效率有了显著提高。

C_L/C_D 的 Pareto 前沿最优解如图 2.13 所示，经过 20 代迭代后，改进的 NSGA-II 已经接近实际的 Pareto 前沿，验证了该方法具有出色的多目标优化能力。

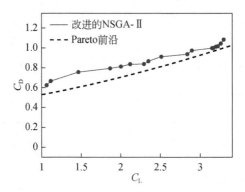

图 2.13　C_L/C_D 的 Pareto 前沿最优解

表 2.8 概述了通过改进的 NSGA-II 优化的导弹气动外形，其优化指标分别是最小化 C_D、最大化 C_L 和最大化 C_L/C_D。可以看出，收敛过程主要集中在最初的 10 代，这将 C_D 从 0.662 减少到 0.618 以最小化 C_D，将 C_L 从 2.723 增加到 3.294 以最

大化C_L,并将C_L/C_D从 2.098 提高到 3.167 以最大化C_L/C_D。此外,从第 10 代到第 40 代,最大化C_L/C_D的优化结果不变。改进的 NSGA-II 在第 10 代中已经达到了出色的性能,验证了其快速的收敛速度。

表 2.8　不同代改进的 NSGA-II 优化导弹形状的草图

优化代数	最小化C_D	最大化C_L	最大化C_L/C_D
1	$C_D=0.662$ $C_L=0.659$ $C_L/C_D=0.996$	$C_D=1.713$ $C_L=2.723$ $C_L/C_D=1.59$	$C_D=0.904$ $C_L=1.896$ $C_L/C_D=2.098$
5	$C_D=0.625$ $C_L=1.061$ $C_L/C_D=1.696$	$C_D=1.044$ $C_L=3.258$ $C_L/C_D=3.121$	$C_D=1.017$ $C_L=3.222$ $C_L/C_D=3.167$
10	$C_D=0.618$ $C_L=0.982$ $C_L/C_D=1.589$	$C_D=1.084$ $C_L=3.294$ $C_L/C_D=3.037$	$C_D=1.017$ $C_L=3.222$ $C_L/C_D=3.167$
40	$C_D=0.592$ $C_L=0.921$ $C_L/C_D=1.557$	$C_D=1.776$ $C_L=3.648$ $C_L/C_D=2.054$	$C_D=0.996$ $C_L=3.154$ $C_L/C_D=3.167$

2.7　小　　结

导弹气动外形的配置是一种典型的多目标优化过程,具有多变量和目标间权衡的特点。本章提出了一种新的改进的 NSGA-II,以获得典型鸭式导弹的气动外形配置,分别实现阻力最小化、升力最大化和升阻比系数最大化。本章首先采用实验设计、聚类分析和决策树三种数据挖掘方法生成样本数据,并从半经验方法中提取优化规则。然后提出了一种新策略,将提取的规则应用到带有动态算子和针对性变异框架的遗传算法中。其主要步骤如下:

步骤一,建立导弹气动外形的参数化方法,以参数化所得几何参数作为设计变量,参数化方法为根据给定的优化问题,选取能确定飞行器气动外形的几何参数。

步骤二,针对给定的气动优化问题,通过实验设计的方法在设计空间中采样,然后使用具有高可信度的估算方法计算这些样本的气动性能,从而建立估算样本数据库。

步骤三,对估算样本数据库进行数据挖掘,首先使用方差分析来获取不同设计参数对设计结果的影响,接着使用聚类分析的方法将样本数据离散化,得到估算样本的聚类数据库,最后使用决策树方法对聚类数据库进行处理,提取具有高可信度的优化规则,形成优化规则库。

步骤四,将步骤三提取的优化规则与遗传算法进行融合,用于指导遗传过程的交叉和变异环节。具体分为两部分:一是根据个体状态和匹配规则动态设置交叉、变异的概率;二是根据匹配的优化规则动态选择个体变异的方式。

步骤五,将上述融合后的遗传算法应用于基于高精度流体仿真的气动优化,通过迭代计算获取优化设计参数。

该方法的主要优化架构如图 2.14 所示。

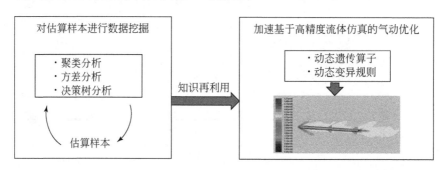

图 2.14　基于数据挖掘和遗传算法的气动优化方法原理图

这种新颖的改进的 NSGA-II,旨在高效地为导弹气动外形优化找到 Pareto 最优解。通过与原始的 NSGA-II 进行对比,可以得出以下结论:

(1)DOE 和仿真软件可用于将空气动力学性能估算程序转换为出色的样本数据生成器。

(2)聚类分析和决策树适用于提取规则,并通过 Pareto ANOVA 验证了规则库适用于导弹气动优化。

（3）与原始的 NSGA-II 优化结果的对比,证明了所提出方法的优化结果是有效的,并且借助知识转移和新的进化框架,其收敛速度得到了很大的提高。

该算法的优势在于:

（1）针对给定的气动优化问题,通过数据挖掘的手段从半经验估算方法中提取先验知识。

（2）通过动态设置遗传算法的交叉、变异规则,将提取的先验知识融合到遗传算法中。

（3）将融合后的遗传算法运用到气动优化问题中,能在保证原有全局寻优能力的同时大大提高收敛速度,并且在优化阶段排除了人工干预,大大提高了优化流程的效率,实现快速获取高精度优化设计参数的目的。

参 考 文 献

[1] 高正红,王超. 飞行器气动外形设计方法研究与进展. 空气动力学学报,2017,35(4): 516-528.

[2] Lasdon L S,Waren A D,Jain A,et al. Design and testing of a generalized reduced gradient code for nonlinear programming. ACM Transactions on Mathematical Software(TOMS), 1978,4(1):34-50.

[3] Jofre L,Doostan A. Rapid aerodynamic shape optimization under uncertainty using a stochastic gradient approach. Structural and Multidisciplinary Optimization,2022,65(7):196.

[4] Callier V. Machine learning in evolutionary studies comes of age. Proceedings of the National Academy of Sciences,2022,119(17):e2205058119.

[5] Tao J,Sun G,Si J,et al. A robust design for a winglet based on NURBS-FFD method and PSO algorithm. Aerospace Science and Technology,2017,70:568-577.

[6] Jeong S,Murayama M,Yamamoto K. Efficient optimization design method using kriging model. Journal of Aircraft,2005,42(2):413-420.

[7] Forrester A I J,Keane A J. Recent advances in surrogate-based optimization. Progress in Aerospace Sciences,2009,45(1-3):50-79.

[8] Hu Q,Zhai X,Li Z. Multi-objective optimization of deep-sea mining pump based on CFD, GABP neural network and NSGA-III algorithm. Journal of Marine Science and Engineering, 2022,10(8):1063.

[9] Zhang J,Liu H. Multi-objective optimization of aerodynamic and erosion resistance performances of a high-pressure turbine. Energy,2023,277:127731.

[10] Peigin S,Epstein B. Multipoint aerodynamic design of wing-body configurations for minimum drag. Journal of Aircraft,2007,44(3):971-980.

[11] Deb K. Multi-objective optimisation using evolutionary algorithms:An introduction. Wang L,Ng A H,Deb K. Multi-Objective Evolutionary Optimisation for Product Design and Manufacturing. London:Springer,2011:3-34.

［12］ Yang Y,Jung S,Cho T,et al. An aerodynamic shape optimization study to maximize the range of a guided missile. The 28th AIAA Applied Aerodynamics Conference,Chicago, 2010:4240.

［13］ Chiba K,Obayashi S. Knowledge discovery for flyback-booster aerodynamic wing using data mining. Journal of Spacecraft and Rockets,2008,45(5):975-987.

［14］ Jeong S,Shimoyama K. Review of data mining for multi-disciplinary design optimization. Proceedings of the Institution of Mechanical Engineers—Part G:Journal of Aerospace Engineering,2011,225(5):469-479.

［15］ Yin Y F,Gong G H,Han L. Theory and techniques of data mining in CGF behavior modeling. Science China Information Sciences,2011,54:717-731.

［16］ Monroe G A,Freeman K,Jones K L. IT data mining tool uses in aerospace. NSBE Aerospace Systems Conference,LOS Angeles,2012:1-4.

［17］ Likas A,Vlassis N,Verbeek J J. The global k-means clustering algorithm. Pattern Recognition,2003,36(2):451-461.

［18］ Kohavi R,Quinlan J R. Data mining tasks and methods:Classification:decision-tree discovery. Roth E A,Pedrycz W,Kruse R,et al. Handbook of Data Mining and Knowledge Discovery. Oxford:Oxford University Press,2002:267-276.

［19］ Jain A K,Murty M N,Flynn P J. Data clustering. ACM Computing Surveys,1999,31(3): 264-323.

［20］ Jain A K,Duin R P W,Mao J. Statistical pattern recognition:A review. IEEE Transactions on Pattern Analysis and Machine Intelligence,2000,22(1):4-37.

［21］ Sambasivam S,Theodosopoulos N. Advanced data clustering methods of mining web documents. Issues in Informing Science and Information Technology,2006,3:563-579.

［22］ 孙吉贵,刘杰,赵连宇. 聚类算法研究. 软件学报,2008,(1):48-61.

［23］ Cohen M B,Elder S,Musco C,et al. Dimensionality reduction for K-means clustering and low rank approximation. Proceedings of the Forty-Seventh Annual ACM Symposium on Theory of Computing,Portland,2015:163-172.

［24］ Quinlan J R. C4.5:Programs for Machine Learning. San Francisco:Margan Kaufmann, 1992.

［25］ Pareto V. Cours d'économie Politique. Genève:Librairie Droz,1964.

［26］ 葛继科,邱玉辉,吴春明,等. 遗传算法研究综述. 计算机应用研究,2008(10):2911-2916.

［27］ Goldberg D E,Richardson J. Genetic algorithms with sharing for multimodal function optimization//Genetic Algorithms and Their Applications. Proceedings of the Second International Conference on Genetic Algorithms,Hillsdale,1987:4149.

［28］ Srinivas N,Deb K. Muiltiobjective optimization using nondominated sorting in genetic algorithms. Evolutionary Computation,1994,2(3):221-248.

［29］ Deb K,Agrawal S,Pratap A,et al. A fast elitist non-dominated sorting genetic algorithm for multi-objective optimization:NSGA-II. 6th International Conference on Parallel

Problem Solving from Nature PPSN VI, Paris,2000:849-858.

[30] Zhang W,Wang Y,Liu Y. Aerodynamic study of theater ballistic missile target. Aerospace Science and Technology,2013,24(1):221-225.

[31] Fleeman E L. Tactical Missile Design. Reston:American Institute of Aeronautics and Astronautics,2006.

[32] Yang Y R,Jung S K,Cho T H,et al. Aerodynamic shape optimization system of a canard-controlled missile using trajectory-dependent aerodynamic coefficients. Journal of Spacecraft and Rockets,2012,49(2):243-249.

[33] 张德丰. MATLAB 数值分析与应用. 北京:国防工业出版社,2006.

[34] Giunta A A,Balabanov V,Haim D,et al. Multidisciplinary optimisation of a supersonic transport using design of experiments theory and response surface modelling. The Aeronautical Journal,1997,101(1008):347-356.

[35] Huang C C,Tseng T L B,Jiang F,et al. Rough set theory:A novel approach for extraction of robust decision rules based on incremental attributes. Annals of Operations Research, 2014,216(1):163-189.

[36] Shamim A, Hussain H, Shaikh M U. A framework for generation of rules from decision tree and decision table. International Conference on Information and Emerging Technologies,Karachi,2010:1-6.

[37] Chachuli S A M,Fasyar P N A,Soin N,et al. Pareto ANOVA analysis for CMOS 0. 18μm two-stage Op-amp. Materials Science in Semiconductor Processing,2014,24:9-14.

[38] Jeong S,Murayama M,Yamamoto K. Efficient optimization design method using kriging model. Journal of Aircraft,2005,42(2):413-420.

[39] Jiang R,Luo Y,Hu D. Adaptive genetic algorithm based on population entropy estimating. Journal of Tsinghua University,2002,42(3):358-361.

[40] Biancolini M E,Costa E,Cella U,et al. Glider fuselage-wing junction optimization using CFD and RBF mesh morphing. Aircraft Engineering and Aerospace Technology,2016, 88(6):740-752.

[41] van Veldhuizen D A,Lamont G B. Evolutionary computation and convergence to a pareto front. Proceedings of the Late Breaking Papers at the Genetic Programming 1998 Conference,Palo Alto,1998:221-228.

第3章 基于强化学习和迁移学习的气动外形优化

3.1 概　　述

随着计算机科学和计算流体动力学(computational fluid dynamics,CFD)的发展,气动设计方法已经从试凑法发展到逆向设计[1]再发展到优化设计[2],相关分析方法也从风洞试验发展到高保真 CFD 模拟[3]。同时,在复杂的设计条件、设计约束和优化模型方面,对飞机性能的要求越来越严格,因此对于高维设计空间的全局优化难题[4],传统气动设计方法面临着巨大的挑战。

气动形状优化通常是由优化模型、优化器和评估工作流程组成的循环,研究人员不断开发新的优化方法,并采用 CFD 进行气动性能评估,实现对飞行器气动外形的优化[5]。越来越多的新型优化方法运用了强化学习[6]和迁移学习[7]等机器学习技术来提高优化性能和效率。本章采用强化学习技术从基于半经验方法的计算软件 Datcom 中提取优化经验,通过共享神经网络参数等迁移学习技术,实现优化经验的复用,从而加速基于 CFD 的优化过程。将本章所提方法应用于导弹气动外形的优化问题,将减少约 62.5% 的 CFD 计算次数,收敛速度显著提升。同时,相比耗时的 CFD 计算,Datcom 计算速度快至少 2 个数量级,因此经验提取和参数传递过程花费的时间可以忽略不计。

本章首先提出一种基于强化学习和迁移学习的优化方法,其强化学习采用深度确定性策略梯度(deep deterministic policy gradient,DDPG)方法[8],该方法采用一种"动作者-评论者"的双深度神经网络结构来改善局部最优收敛问题。然后,将 DDPG 与基于 Datcom 软件的气动性能评估流程相结合,这样 DDPG 网络可以通过与 Datcom 软件的大量交互学习到许多隐式气动优化经验[9],并以网络参数的形式储存。接着,应用迁移学习将优化经验作为先验知识与基于 DDPG、CFD 的评估工作流程结合,以加快基于 CFD 的气动优化过程。最后,将所提出的优化方法与传统优化方法进行对比实验。结果表明,所提方法在优化结果和收敛速度方面都具有明显优势。

本章的组织结构如下:3.2 节介绍导弹的气动外形优化问题及相关的机器学习技术;3.3 节给出导弹气动优化问题的数学描述,包括目标函数、设计变量和约束;3.4 节介绍基于强化学习和迁移学习的优化架构设计;3.5 节描述采用强化学习进行气动优化经验的提取过程；3.6 节介绍基于强化学习和迁移学习的气动优化方法和过程；3.7 节给出相应的数值仿真结果和分析；3.8 节对本章内容进行总结。

3.2 导弹气动外形优化

3.2.1 导弹的气动外形

在飞行工况等外部条件相同的情况下，作用在导弹上的空气动力和空气动力矩取决于导弹的气动外形，导弹的气动外形对其动力学特性和总体性能具有至关重要的影响，因此气动外形在导弹设计中具有至关重要的地位[10]。

按不同的气动外形方案，把导弹分成无翼式和有翼式两大类[11]。无翼式导弹不带弹翼或尾翼，通常是从地面发射对付地面目标，称为弹道式导弹；有翼式导弹能在大气层内飞行，弹上有弹翼和舵面。导弹一般作为战术武器使用，根据弹翼和舵面布局可以分成正常式、鸭式、无尾式、旋转式。

正常式布局导弹具有优秀的纵向和横向稳定性，在飞行过程中能够保持较好的飞行控制能力。同时，其操纵机构和弹翼结构相对简单易于维护，且具有较高的可用攻角。然而，正常式布局导弹的升阻比较低，因此在高速飞行中可能会面临较大阻力，导致舵面操作效率较低、响应速度较慢等问题。

鸭式布局导弹的舵机功率消耗较低、效率较高，并且提供了较高的升阻比，这有助于在飞行中减小阻力。鸭式布局导弹的最大可用攻角受到限制，且横向稳定性较差，可能会在某些情况下存在一定的飞行限制。

无尾式布局导弹具有升阻比较高、操纵效率高的优点，静稳定性能够得到有效的保证，无尾式弹翼在适合的飞行条件下具有出色表现。然而，想要达到最大极限攻角较为困难，因此无尾式布局导弹不适用于极端飞行条件。

旋转式布局导弹在动态特性方面表现出色，能够减小过载波动。同时，旋转式布局导弹还具有较大的铰链力矩，铰链力矩越大越有利于稳定飞行，但旋转式布局导弹在面对迎风阻力时可能存在不足，其升力在偏转时会有降低的现象。

对有翼式导弹的四种气动布局进行分析，其优缺点如表 3.1 所示。

对有翼式导弹来说，全弹升力中的很大一部分是由弹翼提供的，弹翼在全弹的气动力特性中起着重要作用[12]。弹翼的外形是由其平面形状与剖面形状决定的，一般来说，弹翼的平面形状通常有菱形、三角形和后掠形这三种基本形状，如图 3.1 所示。

表 3.1　有翼式导弹的四种气动布局综合分析

布局	优点	缺点
正常式	纵向、横向稳定性好；操纵机构、弹翼结构简单；可用攻角大	升阻比低于鸭式布局；舵面操作效率低；响应特性慢；安装较难
鸭式	舵机功率消耗低、效率高；安装方便；升阻比比正常式大	最大可用攻角有限；横向稳定性差
无尾式	升阻比高；操纵效率高；保证静稳定性	最大的极限攻角有限
旋转式	动态特性好；安装方便；减小过载波动；铰链力矩大	迎风阻力大；升力随偏转降低

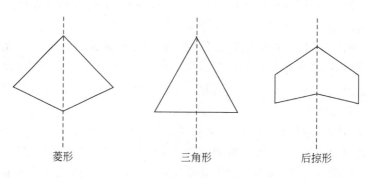

图 3.1　典型弹翼平面形状

　　这三种弹翼的基本形状还有很多衍生改形，且每一种平面形状都各有优缺点，只有在给定情况下才能确定最优的形状。三角形弹翼的平面轮廓呈三角形状，通常具有尖锐的前缘和较宽的后缘，在提供升力方面表现出色，尤其适用于高速飞行。后掠形的弹翼具有向后倾斜的平面，能够减小阻力并提高飞行稳定性，因此后掠形的弹翼常用于需要在不同飞行阶段保持较高稳定性的导弹。菱形的弹翼通常带有锐角，有较高的操纵效率和升力产生能力，适用于需要高机动性和升力的导弹。

　　弹翼的剖面形状通常是菱形、六边形、双弧形以及钝后缘形等[13]，如图 3.2 所示。

图 3.2　弹翼的剖面形状示意图

选择剖面形状时,也必须像选择弹翼平面形状那样从各方面进行综合考虑,才能选择合适的剖面形状。其中,弹翼的主要外形参数包括弹翼展弦比 λ、弹翼相对厚度 $\bar{C}$、弹翼展长 l、弹翼后掠角 χ、弹翼尖削比 η。

(1)弹翼展弦比 λ:定义翼展与几何平均弦长之比为展弦比,用 λ 表示,即 $\lambda=l/S$,其中 S 为翼面积。较高的展弦比通常会增升导弹产生升力的能力,有助于维持飞行和机动,在低速飞行时增大展弦比可以明显提高升力,同时零升阻力也有所增大。一般而言,展弦比越大,操纵效率也越高,导弹响应越快。

(2)弹翼相对厚度 $\bar{C}$:定义翼弦的最大厚度与翼弦长度之比的百分数为相对厚度,用 $\bar{C}$ 表示。适当增大弹翼相对厚度可以增大最大升力系数,一般超声速弹翼的相对厚度为 $2\%\sim5\%$。

(3)弹翼展长 l:定义弹翼(或控制面)左右翼尖之间的展向距离为弹翼展长,用 l 表示,其中不包括弹身直径为净翼展,包括弹身直径为毛翼展。

(4)弹翼后掠角 χ:定义弹翼前缘与弹身纵轴垂直线之间的夹角为前缘后掠角,用 χ 表示,相应的还有中线后掠角 $\chi_{1/2}$。选择适当的后掠角可以提高临界马赫数,延缓激波出现并降低最大阻力系数。

(5)弹翼尖削比 η:定义根弦与尖弦之比为尖削比或梯形比,即 $\eta=b_0/b_1$。根梢比与尖削比互成倒数,根梢比通常是越大越有利,但在仅需要超音速的条件下选择根梢比较小的翼型更好。

3.2.2　强化学习与迁移学习

强化学习由于成功地解决了许多具有挑战性的问题,近年来受到越来越多的关注[6]。强化学习是一种机器学习方法,旨在让智能体通过与环境的交互来学习最优行为策略。在强化学习中,智能体通过尝试采用不同的行动与环境交互,并根据环境的奖励或惩罚反馈来调整自己采取行为的策略,其目标是通过最大化累积奖励来学习最优的行为策略。传统的强化学习方法大多仅用于处理低维空间的问题,或者是取代依赖于手工设计的简单问题。通过将深度学习和强化学习相结合,可以同时获得深度学习的表达能力和强化学习的泛化能力,这种深度强化学习已成功地解决许多高难度问题,逐步成为深度学习领域发展热点。

强化学习中除了智能体、环境外,还有行为策略、奖励函数、值函数等组成部分。策略是智能体在给定环境下采取行为的方式。策略是从感知的环境状态、所处状态到采取行动的映射,在某些情况下,策略可能是一个简单的函数或查找表,而在复杂情况下可能需要根据需求进行计算。策略是强化学习智能体的核心,用于确定智能体的行为。

学习策略本质上是智能体为设计目标而学习的规则或策略,指定智能体在每种可能的状态下采取什么操作,以实现最终的设计目标。因此,可以提取和解释这些规则,以了解智能体的决策过程,这些提取的规则可用于在没有智能体的情况下设计参数,实现自动化寻优。

获得奖励是强化学习过程的目标。在每个时间步长节点上,环境向智能体发送一个奖励值,智能体的行动目标是最大化它在长周期内获得的总回报。智能体不能改变生成奖励的过程,但可以通过改变其行为间接改变获得的奖励值。奖励值是智能体改变策略的主要依据,如果环境对策略所选择的动作给予了一个低奖励值,那么该策略在下一个回合或其他未来回合会更倾向于选择其他动作。

一个状态的价值由智能体从该状态开始在未来可以预期积累的奖励总额决定。奖励代表着状态的即时可取性,而价值函数则是可能出现的状态以及这些状态预期的奖励,代表着状态的长期可取性。例如,一个状态可能总是产生低的即时奖励,但仍然具有高价值,因为它经常被其他产生高奖励的状态所跟随,价值函数对应着一种更精确和更有远见的判断。

迁移学习研究的是将从旧数据或者任务学到的知识或模式,如何应用到不同的但有一定相关的任务上去,即通过从某一相关领域中迁移学习过的知识,来完成给定任务的学习目标或者达到改进目标域当中任务的学习效果[7]。

深度学习任务可以根据训练数据的数量以及新数据与之前训练数据的相关性,来选择迁移学习的实现方法。具体可分为以下几种方式[14]。

(1)微调:将预训练模型的部分卷积层(通常是保留了大量底层信息的靠近输入的卷积层)冻结,甚至不冻结任何网络层,训练剩下的卷积层(通常为靠近输出的部分卷积层)和全连接层。当新数据集样本与预训练模型中的数据集较为相似时,可只对预训练模型的输出层进行微调。

(2)特征提取:先用预训练模型计算训练集和测试集数据的卷积层特征向量,然后训练根据新任务重新定制的全连接网络层。

(3)直接迁移:当新数据集数据量大,且数据集内容与之前训练模型中使用的数据集相似时,是迁移学习最理想的状态。此时,不需要对训练前的模型进行任何修改,只需要保持原模型的网络结构和初始权值,直接使用新的数据集进行再训练,以达到最佳的迁移学习效果。

迁移学习能缩短训练时间,预训练模型已经从大型数据集中学习到了有用的特征,从而减少了训练新模型所需的时间和数据量。在源任务和目标任务相关的情况下,充分利用了从源任务中获得的知识来提高目标任务的性能,还能在不同数据集上使用预先训练过的模型,达到在新数据上更好的泛化效果。

迁移学习可分为归纳式迁移学习、直推式迁移学习和无监督式迁移学习三大类,具体如下。

（1）归纳式迁移学习：不同于其他迁移学习，归纳式迁移学习的源域和目标域既可以相同也可以不同，但是源任务与目标任务需要具有相关性。归纳式迁移学习是应用最广泛的一种方法，当源域和目标域都有标签时，此类方法类似于多任务学习，区别在于归纳式迁移学习是为了提高目标域任务性能，从而将源域知识迁移到目标域，而多任务学习是为了同时提高所有领域的任务性能。当源域无标签、目标域有标签时，此类方法与自我学习较为相似，区别在于源域中没有带标签的可用数据。

（2）直推式迁移学习：直推式迁移学习要求源任务和目标任务相同，源域和目标域可以不同但具有相关性，同时还要求源域数据有标签，目标域数据无标签。

（3）无监督式迁移学习：要求源域和目标域可以不同但具有相关性，源任务和目标任务也不同但具有相关性。无监督迁移学习的特殊性在于源域和目标域数据都没有标签，主要用于聚类、降维等无监督学习任务。

除上述分类外，还可以根据迁移知识的类型不同，将迁移学习分为如下四类。

（1）基于实例的迁移学习：通过改变样本的存在形式以降低源域和目标域之间的分布差异，其适用于两个领域的相似度较高的情形。

（2）基于特征的迁移学习：通过提取出两个领域的特征让两个领域在某个特征空间表现出相似的特点，其适用于两个领域的相似度不高的情形。

（3）基于参数的迁移学习：从模型本身考虑，通过共享两个领域的模型参数以实现迁移学习。

（4）基于关系的迁移学习：利用源域的逻辑网络，结合两个领域之间相关的知识映射进行迁移学习。

迁移学习已成功应用于计算机视觉、自然语言处理和语音识别等多个领域，深度学习领域中常用于迁移学习的预训练模型包括视觉几何组网络（visual geometry group，VGG）、残差网络（residual network，ResNet）、Inception、BERT（bidirectional encoder representations from transformers）、GPT（generative pre-trained transformer）等。

3.2.3　气动设计优化方法

传统的气动设计是一个耗时的过程，通常包括四个步骤[15]：首先，利用设计者的领域知识获得初始设计概要；然后，使用 Catia 或 UG 等软件将设计轮廓表示为 CAD 模型；然后，应用 CAE 软件生成相应的网格，如 ICEM（integrated computer engineering and manufacturing）或 Hypermesh；最后，使用 Fluent 或 CFX 等 CFD 软件计算气动性能。每个步骤都需耗费大量时间和计算资源，因此有限时间内只能评估少量的气动外形设计方案，其优化效率和结果都亟须改进。

　　一些研究人员专注于使用代理模型来替代十分耗时的 CFD 计算过程,如基于克里金(Kriging)法[16]和多元自适应回归样条(multivariate adaptive regression splines,MARS)[17]的代理模型等。Kutz[18]使用深度神经网络对复杂流动如湍流等进行建模。此外,开发基于实验数据和经验方程的估算方法也是一个不错的选择,例如使用 Datcom 软件[19]进行气动计算。然而,这些方法都存在一定的局限性,代理模型仅适用于有限的数据字段;使用深度神经网络对复杂流进行建模存在缺乏训练数据的问题;工程估算软件适用于较大的设计空间,但其结果在精度方面表现不足。

　　当前主流气动外形优化流程如图 3.3 所示,它结合了气动计算和优化理论,通过数值模拟将优化问题转化为极值求解问题[20]。首先,建立包括设计变量、设计空间、设计约束和目标函数的优化模型;然后,进行几何模型参数化[21]、网格生成/变形[22]和数值计算的评估流程;最后,通过优化器连接优化模型和评估工作流程,优化器可以是基于梯度的方法或进化方法等。

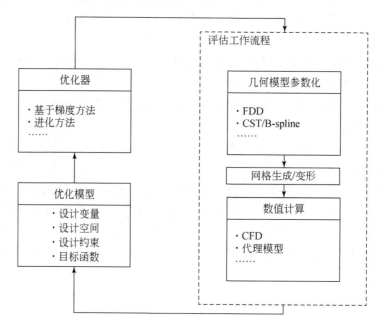

图 3.3　气动外形优化流程

　　现有的优化方法或多或少存在一定的局限性。有限差分法[23]和伴随法[24]等基于梯度的方法虽然分别解决了计算量不可接受和局部最优收敛的问题,进化方法如 MOGA[25]或 MOPSO[26]虽然能够处理多极值和多目标优化问题,但是上述方法的收敛速度通常较慢,难以直接应用于耗时的基于 CFD 计算的迭代优化。因此,有研究者提出一些具有更高计算效率的其他方法替代CFD,如半经验方法和基于替代模型的方法。半经验方法结合了数据表、空气动力学理论和经验方程等进行空气动力学特性计算,其中基于 Datcom[27,28] 的半经验方法应用较多。基于Datcom 的半经验法涵盖了预测各种常见飞机构型的空气动力学性能和稳定性的方法,但半经验法面对新的构型时可能会由于缺少经验知识而性能受限[29]。还有一些研究致力于将代理模型[30,31]与进化方法相结合,但维度灾难[32]阻碍了该方法在大型设计变量集优化问题中的应用,最后具体选择哪种气动计算和优化方法取决于计算成本和保真度之间的平衡和取舍。

3.3 问 题 陈 述

气动外形优化通常是一个由优化模型、优化器和性能评估环节组成的循环。对于所考虑的导弹气动外形优化问题,以导弹尾翼的形状优化为例,优化目标是尽可能提高在巡航条件下的升阻比,同时满足几何和气动约束。

在此采取最大化升阻比为气动优化问题的目标函数;此外,还应考虑稳定性问题和阻力系数(C_D),静稳定度定义为气动焦点和重心之间的距离。由于导弹尾翼的质量与主体相比较小,因此在优化过程中暂不考虑尾翼形状优化对导弹质心的影响,可以通过约束压力中心位置来保持静稳定性。导弹的阻力系数也应作为约束限制,以避免飞行性能下降。综上,导弹气动外形优化问题的优化模型描述如下。

流量条件:飞行马赫数为 2.0、飞行高度为 5000m、攻角为 4°。

目标函数:最大化升阻比。

系数约束:设计参数应遵守相应的几何约束,气动压力中心(XCP)应保持在 [0.53,0.6] 内,C_D 不应大于初始设计方案中的取值。其中,气动压力中心定义为弹头到力矩参考点的距离与全弹参考长度的比值。

本章气动外形优化问题所涉及的 23 个设计变量如表 3.2 所示,图 3.4(a)所示的弹体几何形状由导弹弹头长度(LNOSE)、导弹弹体长度(LCENTER)、导弹弹体直径(DCENTER)、弹头到弹翼前缘弦的距离(XLE1)和弹头到弹翼前缘弦的距离(XLE2)描述,图 3.4(b)所示的弹翼及尾翼的几何形状由弹翼前缘后掠角(SWEEP1)、弹翼后缘后掠角(SWEEP2)、翼根弦长(CHORD1_1)、翼梢弦长(CHORD1_2)、尾根弦长(CHORD2_1)、尾梢弦长(CHORD2_2)、弹翼半翼展长(SSPAN1_2)和尾翼半翼展长(SSPAN2_2)描述,图 3.4(c)所示翼型几何形状由翼面厚度与上表面弦长比(ZUPPER1)、翼面厚度与下表面弦长比(ZLOWER1)、翼面前缘延伸到下表面上最大厚度点的长度(LMAXU1)、翼面等厚度截面长度与上表面弦长比（LFLATU1）和翼面等厚度截面长度与下表面弦长比（LAFATL1）描述。

表 3.2　设计变量的定义和取值范围

设计变量	定义	下限	上限	基线
LNOSE	导弹弹头长（nose length）	—	—	0.49
LCENTER	导弹弹体长度（missile body length）	—	—	3.2
DCENTER	导弹弹体直径（missile body diameter）	—	—	0.18
XLE1	弹头到弹翼前缘弦的距离（distance from nose tip to wing leading edge）	1.25	1.75	1.72
SWEEP1	弹翼前缘后掠角（wing leading-edge sweep angle）	—	—	—
CHORD1_1	翼根弦长（wing root chord）	0.1	0.4	0.29
CHORD1_2	翼梢弦长（wing tip chord）	0	0.09	0.06
SSPAN1_2	导弹弹翼半翼展长（exposed semispan of wing）	0.1	0.3	0.23
ZUPPER1	弹翼厚度与上表面弦长比（wing thickness to chord ratio of upper surface）	—	—	0.025
ZLOWER1	弹翼厚度与下表面弦长比（wing thickness to chord ratio of lower surface）	—	—	0.025
LMAXU1	弹翼前缘延伸到下表面上最大厚度点的长度（wing fraction of chord from section leading edge to maximum thickness of lower surface）	—	0.25	—
LAFATU1	弹翼等厚度截面长度与上表面弦长比（wing constant thickness section length to chord ratio of upper surface）	—	0.25	—
LAFATL1	弹翼等厚度截面长度与下表面弦长比（wing constant thickness section length to chord ratio of lower surface）	—	0.25	—
XLE2	弹头到尾翼前缘弦的距离（distance from nose tip to tail leading edge）	3	3.2	3.2
SWEEP2	弹翼后缘后掠角（wing trailing-edge sweep angle）	—	—	—
CHORD2_1	尾根弦长（tail root chord）	0.1	0.4	0.38
CHORD2_2	尾梢弦长（tail tip chord）	0	0.25	0.19
SSPAN2_2	导弹尾翼半翼展长（exposed semispan of tail）	0.1	0.3	0.22
ZUPPER2	尾翼厚度与上表面弦长比（tail thickness to chord ratio of upper surface）	—	—	0.025

续表

设计变量	定义	下限	上限	基线
ZLOWER2	尾翼厚度与下表面弦长比（tail thickness to chord ratio of lower surface）	—	—	0.025
LMAXU2	尾翼前缘延伸到下表面上最大厚度点的长度（tail fraction of chord from section leading edge to maximum thickness of lower surface）	—	0.25	—
LFLATU2	尾翼等厚度截面长度与上表面弦长比（tail constant thickness section length to chord ratio of upper surface）	—	0.25	—
LFLATL2	尾翼等厚度截面长度与下表面弦长比（tail constant thickness section length to chord ratio of lower surface）	—	0.25	—

所有长度变量均以米为单位，角度变量均以度为单位。基准模型由椭圆形弹头、圆柱形弹体、梯形弹翼和尾翼组成。弹翼和尾翼以"＋"字形排列，并且均为六边形翼型。

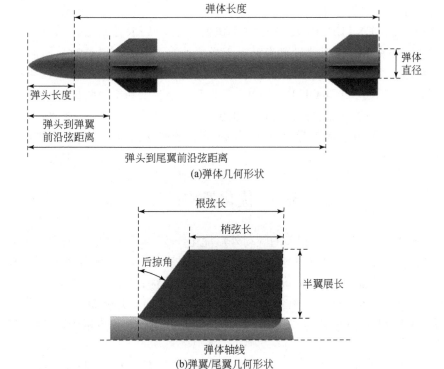

(a)弹体几何形状

(b)弹翼/尾翼几何形状

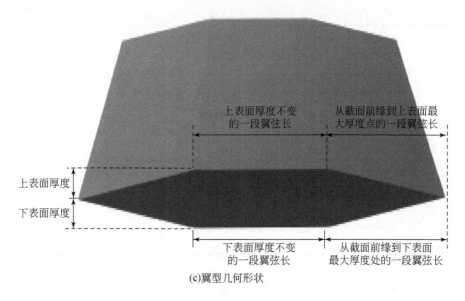

上表面厚度不变
的一段翼弦长

从截面前缘到上表面最
大厚度点的一段翼弦长

上表面厚度

下表面厚度

下表面厚度不变
的一段翼弦长

从截面前缘到下表面
最大厚度处的一段翼弦长

(c)翼型几何形状

图 3.4　鸭翼导弹的几何形状

本章主要考虑导弹弹翼和尾翼的几何形状和布局,暂不考虑导弹弹体和弹头的优化。因此,描述导弹弹体和六边形翼型的参数设置为表 3.2 所示的固定值,包括 LNOSE、LCENTER、DCENTER、ZUPPER、ZLOWER、LMAXU、LFLATU 和 LFLATL,尾翼的后缘形状设置为垂直于弹体轴线。弹翼和尾翼的几何形状为正梯形,可由 6 个变量确定:弹翼和尾翼的半翼展长(SSPAN1_2、SSPAN2_2)、翼根弦长和尾根弦长(CHORD1_1、CHORD2_1)和翼梢弦长和尾梢弦长(CHORD1_2、CHORD2_2),弹翼和尾翼的位置可分别由 XLE1 和 XLE2 确定。因此,共有 8 个独立的设计变量用于确定弹翼和尾翼,每个变量都受到设计空间上下限的几何约束。

3.4　优化架构设计

将 DDPG 应用于两个相关的气动外形优化任务:基于半经验计算软件 Datcom 的气动优化和基于 CFD 计算软件的气动优化,并分别定义为源任务和目标任务。源任务旨在提取隐藏在 Datcom 中的气动设计参数优化规则,可视作一种有效利用 Datcom 所蕴含数据和经验公式的新方法。在目标任务中,通过迁移学习初始化的 DDPG 网络,并使其与 CFD 计算软件 Fluent 交互,进一步精确地获得高性能设计参数。

对于源任务,智能体和 Datcom 之间的迭代交互是通过 Python 程序实现的,采用 Python 语言编写程序文件以实现将设计参数输入 Datcom 软件的功能,然后自动执行 Datcom 计算程序并从输出文件中读取计算结果。应用 DDPG 来提取关于导弹气动外形优化问题的优化经验,提取过程为:对有利于优化目标的情形给予奖励,对不利于优化目标的情形给予惩罚,同时还惩罚大幅度的气动压力中心位置变化,从而获取有利于改善气动性能的优化经验。气动设计过程可以看作马尔可夫决策过程(Markov decision processes,MDP),满足强化学习的要求,强化学习的基本组成要素如下。

智能体:负责做出修改气动设计参数行动的人工智能体,通过与环境的交互进行学习。

状态(S_t):代表当前的设计参数,描述了气动外形设计在特定时间点的相关参数和取值。

动作(a_t):表示对设计参数的更改或修改,智能体选择从一种状态转换到另一种状态的操作。

环境:具备对智能体给出的气动设计参数进行评估的功能,并将评估结果输出给智能体和学习算法。

通过与环境的不断交互,智能体可以学习一些动作以带来更好的目标效果,并随着时间的推移完善其采取行动的策略 π。

要提取与最优策略 π^* 等效的设计规则,需要分析由智能体生成的学习策略或模型。将第 t 代设计参数作为状态变量 $S_t \in S$,其中 S 为状态空间;第 t 代设计参数的修改量作为动作$a_t \in A$,其中 A 为动作空间。最终的设计参数是通过智能体和环境之间的迭代交互来逐步优化获取的,需要提取的设计规则等于最优策略 $\pi^*:S \rightarrow A$,π^* 即为返回每个步骤采取最优动作的策略。最优策略就是一种从状态空间 S 到动作空间 A 的映射,能为每个状态生成最佳动作,帮助智能体快速实现所需的最终目标。

目标任务是借助从 Datcom 软件中提取的优化经验,提升基于 Fluent 软件的优化效率,并获得精确的高性能设计参数。在深度神经网络中,前层网络更多地是提取通用特征,后层网络更侧重于提取特定任务的特定特征。因此,输入层和隐藏层用于共享通用特征,输出层由于 Datcom 和 Fluent 的计算方法不同而不能共享,仅对输出层在目标任务上进行重新训练,以实现对环境切换的自适应。

综上,基于 Datcom 软件的气动优化源任务旨在从 Datcom 中提取优化经验,基于 Fluent 软件的目标任务旨在通过 CFD 模拟来获取精确的优化设计参数。

因此,深度神经网络可以通过学习和更新网络参数,从网络输入和输出反馈中学习优化经验。此外,鉴于 CFD 仿真精确但耗时,在目标任务中应用迁移学习,通过复用提取的经验作为先验知识来加快收敛速度。优化方法总体架构如图 3.5

所示。

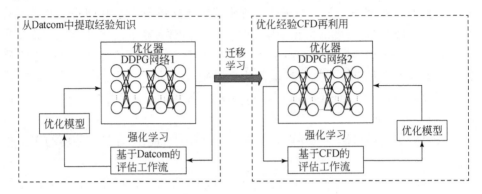

图 3.5　优化方法总体架构图

3.5　强化学习与知识提取

　　传统的神经网络通常需要使用预先准备好的数据集来进行训练,深度强化学习与传统的神经网络训练不同,本章使用深度神经网络与基于气动性能计算软件的环境交互并直接学习:深度神经网络根据当前学习到的优化经验选择设计参数,并将优化后的设计参数提供给 Datcom 或 CFD 软件,同时这些训练环境将计算结果输出回深度神经网络。

　　本节的主要思想是使用神经网络先从半经验方法中提取优化经验,这些经验将在基于 CFD 的优化中作为先验知识使用。将计算软件 Datcom 作为网络训练的数据产生源,不断输出给定设计构型和飞行条件下导弹的气动系数和压力中心位置[25,28]。Datcom 每次计算所需时间(不到半秒)与 CFD 模拟所花费的时间可以忽略不计。

　　气动设计过程可以看作马尔可夫决策过程,满足强化学习的要求,采用强化学习的气动优化过程将设计变量[XLE1、XLE2、CHORD1_1、CHORD1_2、CHORD2_1、CHORD2_2、SSPAN1_2、SSPAN2_2]作为深度神经网络输入,并将相应的变量[ΔXLE1, ΔXLE2, ΔCHORD1_1, ΔCHORD1_2, ΔCHROD2_1, ΔCHORD2_2, ΔSSPAN1_2, ΔSSPAN2_2]作为深度神经网络的输出,通过训练深度神经网络从 Datcom 软件中提取的经验知识来优化设计空间。图 3.6 显示了使用深度神经网络从 Datcom 中提取经验知识的过程。

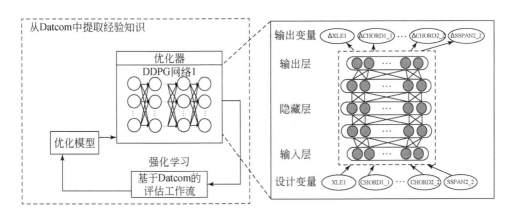

图 3.6　使用深度神经网络从 Datcom 软件提取经验知识

在与目前正广泛使用的其他强化学习算法进行比较后,本章采用了 DDPG 算法[8]。Q-learning 算法通常使用数据表来存储值函数[33],值函数表示所选动作或策略引起的优化目标能获得的长期累积回报的期望值,Q-learning 算法适用于动作空间有限的场景,如 Atari 游戏或故障检测等[9]。Q-learning 算法改进后的深度 Q 学习网络(deep Q-network,DQN)[34]使用 DNN 来存储值函数,同时还有一个缓冲区来重放经验。深度 Q 学习网络仍然面临低分辨率的问题,因为它仅针对离散设计空间,为了解决低分辨率的问题,有学者将深度 Q 学习网络与其他先进的强化学习算法结合提出了 DDPG 算法,DDPG 算法能以高分辨率处理连续设计空间的问题,DDPG 算法所适用的设计空间与本章所研究的气动优化设计空间相符,因此本章采用了 DDPG 算法。

3.6　基于强化学习和迁移学习的优化方法

3.6.1　训练方法

DDPG 网络训练的目的是从已有的经验和数据中提取气动优化经验 $\pi: S \rightarrow A$,DDPG 网络把设计参数映射为表 3.3 中算法 3.1 所示的设计参数修改量的概率分布。其中,S 为设计参数集合,A 为设计参数的修改量集合。随着网络参数 θ 的变化,设计参数的修改量可通过下式确定:

$$a = \pi(s|\theta) \tag{3-1}$$

其中,s 和 a 分别为当前设计参数和相应设计参数的修改量。因此,DDPG 网络的训练目标是在给定的奖励函数[35]下获得最优的网络参数。基于 Datcom 和 CFD 的优化评估器中使用同样的奖励函数 r_t 进行训练,奖励函数 r_t 设计为在网络和评估器之间的每次交互后,若采取相应参数修改量后,升阻比提高则智能体获得奖励,X_{CP} 和 C_D 变化过大则智能体获得惩罚,其奖励函数设置如下:

$$r_t = \begin{cases} f(s_t) - f(s_0), & X_{CP} \in [0.53, 0.6], \quad C_D < \text{基线} \\ f(s_t) - f(s_0) - 10\Delta X_{CP} - 10\Delta C_D, & \text{其他} \end{cases} \tag{3-2}$$

其中,f 为基于 Datcom 或 Fluent 计算的升阻比;s_0 和 s_t 分别为基线和当前设计参数;ΔX_{CP} 为 X_{CP} 与基线的偏差值;ΔC_D 为 C_D 与基线的偏差值。

G_t 为长期奖励函数,通过设置奖励折扣系数 γ 避免训练陷入局部最优,长期奖励函数定义如下:

$$G_t = \sum_{n=0}^{N} \gamma^n r_{t+n} \tag{3-3}$$

其中,奖励折扣系数 $\gamma \in [0, 1]$。当奖励折扣系数接近 1 时,智能体更加重视未来奖励,当奖励折扣系数接近 0 时,智能体更加重视即时奖励。

V_θ 为设计参数的值函数,V_θ 等于当前设计参数和网络参数的长期奖励预期,即

$$V_{\theta(s)} = E_\theta[G_t \mid s_t = s] \tag{3-4}$$

Q_θ 为设计参数修改量的值函数,Q_θ 表示当前设计参数和网络参数下的设计参数修改量的价值评估,即

$$Q_{\theta(s)} = E_\theta[G_t \mid s_t = s, A_t = a] \tag{3-5}$$

子网络"动作者"通常被用来确定智能体采取什么样的行动,当前网络的"动作者"确定优化经验即选择设计参数修改量,其网络参数为 θ^μ。子网络"评论者"通常被用来评估智能体所采取动作的好坏,当前网络的"评论者"评估当前的设计参数修改量这一动作的价值,其参数为值函数 Q。网络参数在最大化长期奖励的期望过程中迭代更新,"动作者"网络通过梯度更新进行参数更新,即

$$\frac{\partial G_N(\theta^\mu)}{\partial \theta^\mu} = E\left[\frac{\partial Q(s, a \mid \theta^Q)}{\partial \theta^Q}\right] = E\left[\frac{\partial Q(s, a \mid \theta^Q)}{\partial a} \frac{\partial \pi(s \mid \theta^\mu)}{\partial \theta^\mu}\right]$$
$$= E\left[\nabla_a Q(s, a \mid \theta^Q) \cdot Q_{\theta^\mu} \pi(s \mid \theta^\mu)\right] \tag{3-6}$$

"评论者"网络参数通过常规深度 Q 学习网络损失函数进行网络参数更新,常规损失函数的更新是基于一批大小为 N 的状态、动作、奖励、下一个状态 (s_i, a_i, r_i, s_{i+1}) 采样转换得到:

$$\text{Loss} = \frac{1}{N}\sum_i (r_i + \gamma Q'(s_{i+1}, \pi'(s_{i+1} \mid \theta^{\mu'})\theta^Q) - Q(s_i, a_i \mid \theta^Q))^2 \tag{3-7}$$

"动作者"和"评论者"都有自己相应的目标网络,除了更新机制不同,其他网络参数和结构均与"动作者"与"评论者"网络一致。为了提高网络训练过程的稳定性和收敛性,目标网络的更新与"动作者"或"评论者"之间存在延迟滞后,目标网络的参数不会立即跟随每次"动作者"或"评论者"的网络参数的更新而变化,而是以一

定的延迟进行网络参数更新。通过随机抽样转换数据，智能体能够更好地学习到不同状态下的行为策略，有助于避免训练局部化。此外，策略 π 的探索需要避免智能体陷入固定的动作，因此通过在"动作者"网络中添加噪声来探索更多的动作空间，即

$$\pi'(s) = \pi(s|\theta^{\mu}) + \omega \qquad (3\text{-}8)$$

其中，ω 为某种噪声分布，如高斯分布或均匀分布，噪声分布使得设计变量能够在值范围内以一定的概率被选择。通过添加噪声的方式智能体能够实现对连续设计空间的高分辨率搜索，从而找到更优的设计参量，提高优化效果。

3.6.2　通过迁移学习加速优化

目前，在气动优化问题中 Fluent 软件被广泛使用，针对气动优化的计算模拟，本章选择 Fluent 作为 CFD 软件[36]。RBF Morph[22]是用于网格变形的数值工具，在求解过程中与 Fluent 完全集成，采用 RBF Morph 软件可以避免手动重新建模并且重新划分网格从而实现气动优化设计的闭环自动优化。如图 3.7 所示为预定义设计变量的导弹几何形状。网格变形通过平移、旋转和缩放预定义的导弹几何形状实现。如图 3.8 给出导弹网格模型变形前后的比较，图中所有翼梢弦长都缩短了 50%。

基于 Datcom 和 CFD 的优化存在许多相似之处。Datcom 和 CFD 在大多数情况下的计算结果趋势一致，因为这两个软件都是建立在理论和数据基础上进行计算[37]。然而，在某些情况下这两种软件的计算结果可能在数值甚至趋势上都不一致。

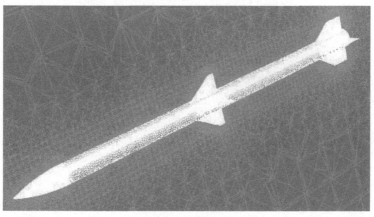

(a)基础构型网格模型

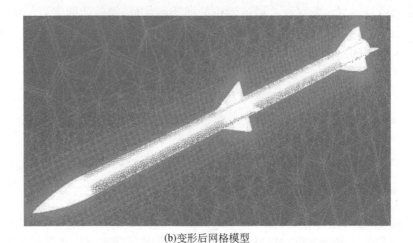

(b)变形后网格模型

图 3.7　预定义设计变量的导弹几何形状

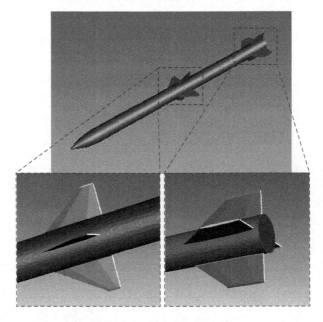

图 3.8　变形前后导弹网格模型

迁移学习可以将相关但不同的优化问题中的知识迁移到另一个问题中,以提高优化的效果[6]。首先在基于 Datcom 的优化问题中训练 DDPG 网络,然后把训练好的网络用作基于 CFD 优化问题中的 DDPG 初始化网络。一方面,把 Datcom 中训练完成的 DDPG 网络输入层和隐藏层的参数作为 CFD 对应层的初始参数,通过将 Datcom 中的网络参数迁移到 CFD 中将大大缩短网络训练时间。另一方面,由于 Datcom 和 CFD 的计算方法不同,输出层的参数不能共享。除此以外,其他所有层都可以在参数传输后进行调整以适应评估工作流程切换。通过迁移学习这种方法,气动优化过程可以减少网络训练对 CFD 调用的次数,同时还可以充分利用 DDPG 出色的全局搜索能力。迁移学习的优化经验迁移流程如图 3.9 所示。

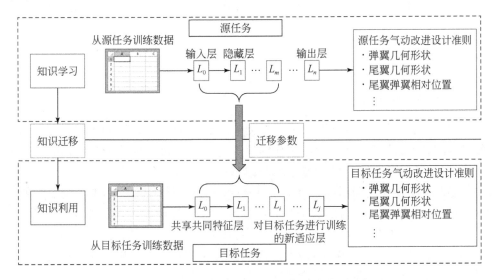

图 3.9　迁移学习的优化经验迁移流程

本节所使用的 DDPG 和 TL-DDPG 结合的方法描述见算法 3.1。

算法 3.1　使用强化学习和迁移学习的空气动力学形状优化

1. 使用 DDPG 从 Datcom 中提取优化经验

2. 随机初始化"评论者"网络 $Q_1(s,a\,|\,\theta^{Q_1})$ 和"动作者"网络 $\pi_1(s\,|\,\theta^{\mu_1})$ 以及相应的目标网络 Q_1' 和 π_1'

3. 循环 1:当 episode 取 1 至 M

4. 初始化设计参数 s_1 和探索变量 N

5. 循环 2:当 step t 取 1 至 T

6. 选择并执行动作以最大化价值函数: $\pi(s)=\arg\max_a Q(s,a)$

7. 获得奖励 r_t,执行新的动作 s_{t+1} 并存储转换回放缓冲区中的 (s_t,a_t,r_t,s_{t+1})

8. 从缓冲区采样转换 n 个小批量

9. 根据等式(3-7)通过最小化损失函数来更新"评论者"网络

10. 根据等式(3-6)使用采样的策略梯度更新"动作者"网络

11. 更新目标网络: $\theta^{Q_1}=\tau\theta^{Q_1}+(1-\tau)\theta^{Q_1}$, $\theta^{\mu_1}=\tau\theta^{\mu_1}+(1-\tau)\theta^{\mu_1}$

12. 结束循环 2

13. 结束循环 1

14. 使用共享层获得 TL-DDPG 网络来优化基于 CFD 的 DDPG 网络

15. 初始化"评论者"网络 $Q_2(s,a\,|\,\theta^{Q_2})$ 和"动作者"网络 $\pi_2(s\,|\,\theta^{\mu_2})$ 来对应各自的目标网络 Q'_2 和 π'_2，Q'_1 和 π'_1 来自 $Q_1(s,a\,|\,\theta^{Q_1})$、$\pi_1(s\,|\,\theta^{\mu_1})$ 训练层

16. 使用 TL-DDPG 通过 CFD 模拟搜索高性能设计参数

17. 重复 DDPG 训练过程

3.7　仿真结果与分析

3.7.1　数值实验

1. 网络训练设置

数值实验使用 TensorFlow 平台[38]和 Adam[39]算法来训练 DDPG 网络。"动作者"和"评论者"子网络的学习率分别设置为 0.001 和 0.005。奖励折扣率 γ 为 0.99，每个子网络有三个完全连接的隐藏层，每层有 200 个节点。

隐藏层中使用的激活函数为 $\sigma(x_i)=\max(0,x_i)$，输出层中使用的激活函数为 $\psi(x_i)=\sinh x_i/\cosh x_i$。回放缓冲区大小和每次训练设置的小批量大小分别为 1000 和 32。基于 Datcom 的优化，最大训练周期数和每个周期的最大步长分别为 800 和 20。基于 CFD 的优化，最大迭代次数为 50，最大步长为 20，且每个设计变量的修改范围在每个步长都被限制在 $[-0.03,0.03]$。

2. 模拟设置

实验使用由网格生成软件创建的约 300 万个单元的非结构化网格，如图 3.10 所示。导弹的主体部分为四面体网格，在导弹弹头、弹体和弹翼等边界附近采用棱柱网格。图 3.10 细化了导弹模型在弹头和弹翼周围的体积网格。受网格划分和计算机性能限制，网格模型 y^+ 值大于 1 的区域很少。一方面，当网格单元数达到一定程度时，增加网格单元数气动系数的结果改变程度也不大；另一方面，当网格单元数变得相当大时，计算模拟达到收敛需要花费更多时间。网格单元数对计算气动系数的影响如表 3.3 所示。当网格单元数达到 300 万个时，气动系数几乎不随单元格数的增加而改变。因此，导弹模型采用 300 万个单元的中分辨率网格进行优化。

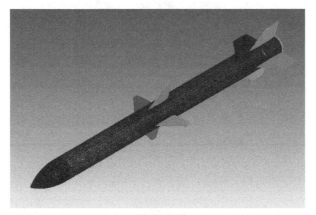

(a)导弹面网格

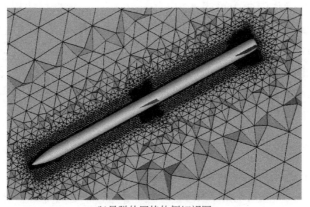

(b)导弹体网格的侧切视图

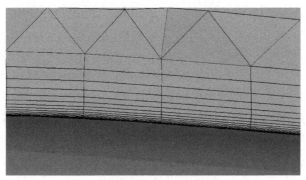

(c)导弹控制面的上边界层

图 3.10　基础设计参数的计算域网格

表 3.3　网格单元数对计算气动系数的影响

网格单元数	升力系数	阻力系数
1517777	1.198	0.670
2462011	1.299	0.669
3038232	0.663	0.663
3985293	0.662	0.662
4805498	1.309	0.662

　　进行稳态 CFD 模拟时,采用了基于密度的隐式求解器并选择 Roe 通量差分分裂(Roe flux difference splitting,Roe FDS)作为对流通量类型,目的是在数值计算中对流项的离散化处理和在密度基础上实现隐式求解。

　　在当前气动优化问题中采用基于 Green-Gauss 的离散格式以及二阶迎风格式对动量方程和湍流方程进行离散化。根据参考文献[40]、[41],使用 SA(Spalart-Allmaras)单方程涡流黏度模型求解 RANS(Reynolds-Averaged Navier-Stokes)方程。应用全多重网格(full multigrid,FMG)初始化来加快 CFD 模拟的收敛速度,当残差减少了至少三个数量级时达到收敛。本章 CFD 模拟数值实验在两个工作站进行,共 28 个核心,每个工作站装有一个 Intel Xeon E5-2683V4 处理器。

3.7.2　结果和讨论

　　对基于 Datcom 的评估过程使用 DDPG 和相邻繁殖遗传算法(neighborhood cultivation genetic algorithm,NCGA)、改进的非支配排序遗传算法(non-dominated sorting genetic algorithm,NSGA-II)和多目标粒子群优化算法(multi-objective particle swarm optimization algorithm,MOPSO)三种进化算法进行仿真实验[42-44],通过对比验证使用 DDPG 算法的优化性能。NSGA-II 和 NCGA 设置迭代次数为 80 次,种群规模为 40,交叉率和突变率分别为 0.9 和 0.01。MOPSO 设置群大小、迭代次数和最大速度分别为每个变量上限的 40%、80% 和 3%。

　　基于 Datcom 的评估过程中采用 DDPG、NCGA、NSGA-II 和 MOPSO 优化的设计参数的性能比较如表 3.4 所示。与基线值相比,在给定的约束条件下所有设计的优化结果里升阻比均显著提高,DDPG 设计构型在所有优化算法中表现最好,升阻比比基线值高 20.33%。另外,所有的优化算法都采用了分离弹翼和尾翼,增加尾翼翼展长度的设计构型来改进设计参数。从表 3.4 中可以观察到,DDPG、NCGA 和 NSGA-II 的优化结果里最大阻力系数都已经达到了 0.44,这说明了 C_D 约束或隐式设计空间已达到极限。同时,DDPG 和 MOPSO 为了实现升阻比高于 3 都优化得到了近似矩形的尾翼。NCGA 和 NSGA-II 优化的尾翼被高度扫掠,与

DDPG 和 MOPSO 相比已经陷入局部最优。因此,只有 DDPG 既达到了 C_D 约束上限又发现了近似矩形尾部构型,进而验证了 DDPG 的全局优化能力和提取的优化经验的有效性。

表 3.4　基于 Datcom 的评估过程中 DDPG、NCGA、NSGA- II 和
MOPSO 的优化设计参数性能比较

变量	DDPG	NCGA	NSGA-II	MOPSO	基线
XLE1	1.25	1.251	1.313	1.305	1.72
XLE2	3.081	3.121	3.053	3.16	3.2
CHORD1_1	0.231	0.197	0.211	0.176	0.29
CHORD1_2	0.031	0.026	0.036	0.73	0.06
CHORD2_1	0.248	0.28	0.29	0.235	0.38
CHORD2_2	0.249	0.081	0.075	0.236	0.19
SSPAN1_2	0.239	0.281	0.232	0.27	0.23
SSPAN2_2	0.227	0.285	0.3	0.219	0.22
XCP	0.587	0.574	0.589	0.581	0.587
C_L	1.371	1.274	1.287	1.321	1.142
C_D	0.44	0.44	0.44	0.433	0.44
C_L/C_D	3.125	2.894	2.922	3.048	2.597

为了完成优化任务并验证 TL-DDPG 的有效性,使用 DDPG、TL-DDPG 和前面提到的算法对基于 CFD 的评估工作流程进行仿真实验。NCGA、NSGA- II 和 MOPSO 的迭代次数和种群大小分别设置为 50 和 20。通过对 NCGA、NSGA- II 和 MOPSO 的算法参数进行修改使三种算法的计算量接近 DDPG 的计算量以确保所有优化算法的每一次迭代中的 CFD 调用次数是相同的。

DDPG、TL-DDPG、NCGA、NSGA- II 和 MOPSO 优化过程的比较如图 3.11 所示。从图中可以看出,在搜索速度和优化结果方面 TL- DDPG 表现最好,MOPSO 表现其次。经过 TL- DDPG 优化后的升阻比比 MOPSO 优化后高 3.18%,比基线高 18.67%。TL- DDPG 在第 15 代就达到了 2.3 的升阻比,而 MOPSO 在第 40 代才得到相近的优化结果,同时 DDPG 在目前仅迭代了 15 次还远远没有收敛。TL- DDPG 的搜索速度比 NCGA、NSGA- II 和 MOPSO 快约 62.5%,这说明了 TL-DDPG 从 Datcom 中经过预先训练的网络中获得经验的有效性。

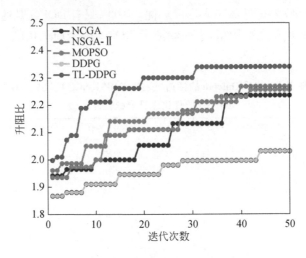

图 3.11　不同算法优化过程的比较

　　为了进一步分析所获得的设计构型,选择 TL-DDPG 和 MOPSO 优化的最佳构型和基线构型作为对比,如表 3.5 所示。由于几何形状和压力系数(C_p)是导弹气动性能的重要指标,因此图 3.12 和图 3.13 分别展示了这两项指标。

表 3.5　Fluent 优化中 TL-DDPG 和 MOPSO 的参数

变量	TL-DDPG	MOPSO	基线
XLE1	1.347	1.392	1.72
XLE2	3.106	3.142	3.2
CHORD1_1	0.354	0.398	0.29
CHORD1_2	0.046	0.08	0.06
CHORD2_1	0.476	0.565	0.39
CHORD2_2	0.164	0.21	0.19
SSPAN1_2	0.277	0.238	0.23
SSPAN2_2	0.224	0.226	0.22
XCP	0.53	0.538	0.569
C_L	1.551	1.521	1.306
C_D	0.663	0.667	0.663
C_L/C_D	2.339	2.267	1.971

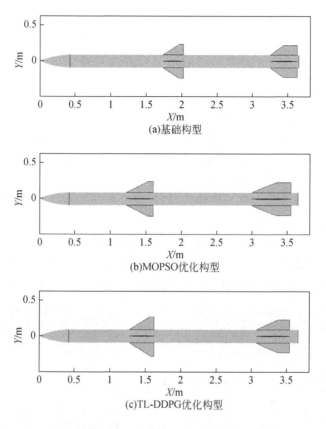

图 3.12　设计构型的几何形状

比较表 3.4 和表 3.5 中 Datcom 和 Fluent 的优化结果可以发现一些不同的地方。例如,在 Datcom 的优化结果中矩形尾翼的性能优于扫掠尾翼,而在 Fluent 的优化结果中相反。此外,Datcom 和 Fluent 中设计变量对气动系数的定量影响也不同。这些由不同计算方法导致的因素是表 3.4 和表 3.5 中优化构型存在差异的主要原因。Datcom 和 Fluent 的优化结果也有一些共同点。首先,延长翼展可以获得更多的升力,尤其在弹翼上,弹翼越长升力越大。其次,增加弹翼后掠角有利于减少阻力。最后,弹翼和尾翼分开有助于提高给定飞行条件下的升阻比。这些基于 Datcom 和 Fluent 的两种优化结果的共同特征对加快 CFD 优化过程非常重要。

如图 3.12 中 TL-DDPG 和 MOPSO 的优化设计构型以及基线构型所示,Fluent 优化得到的构型中未出现 Datcom 优化结果中的矩形尾部,这说明 Datcom 在面对未知参数时存在局限。相比之下,CFD 方法具有更广泛的适应性,因此实验需要通过 CFD 模拟来完成优化。TL-DDPG 和 MOPSO 两种优化算法都通过增加翼根弦和翼展长度使弹翼和尾翼面积变大以提升升力系数,还使用高度后掠的弹翼和尾翼来保持阻力系数。另外,除弹翼或尾翼的平面几何形状外,弹翼或尾翼的位置改变也会对压力中心位置产生显著的影响。

对设计构型进行定性分析后发现,将弹翼和尾翼分开有利于提升导弹的气动性能。向弹头方向移动弹翼能够增大上下表面之间的压力差以提高升力系数,还可以通过抵消尾部面积增大的影响保持压力中心的位置。根据表 3.6 所示,TL-DDPG 和 MOPSO 两种优化算法改进设计参数使升力系数更大,阻力系数几乎保持不变,同时将压力中心移向重心位置,这两种优化改进结果与飞行器的"静不稳定有助于提高飞行性能"的理论相同。

基线构型和优化设计构型的弹翼、尾翼周围的压力系数分布如图 3.13 所示。

从图 3.13(e)可以看出,TL-DDPG 优化的弹翼上表面和下表面的压力系数和面积都是最大的。因为翼根弦长和翼展长度的增加,升力系数增大,弹翼在优化后是主要的升力产生面,与优化后的弹翼相比优化后的尾翼产生的升力较小。从图 3.13(a)、(b)与其他两种优化方法对比可以看出,基线构型在利用弹翼和尾翼产生

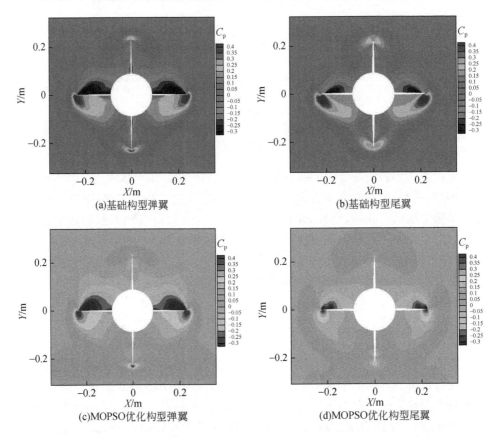

(a)基础构型弹翼　　　　　　　　　　　　　　(b)基础构型尾翼

(c)MOPSO优化构型弹翼　　　　　　　　　　(d)MOPSO优化构型尾翼

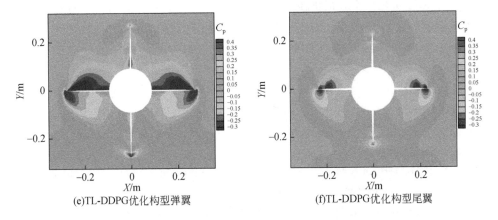

(e)TL-DDPG优化构型弹翼　　　　　　　　(f)TL-DDPG优化构型尾翼

图 3.13　基线构型和优化设计构型的弹翼、尾翼周围的压力系数分布

升力上更均衡,基线构型的气动布局有利于产生尾翼控制导弹的控制力矩。

　　综上所述,通过 CFD 模拟计算验证得到本章所提出的 TL-DDPG 优化器能够成功地优化设计参数使升阻比比基线值高 18.67%。TL-DDPG 凭借从 Datcom 中学到的经验知识可以比传统的进化算法包括 NCGA、NSGA-II 和 MOPSO 更快地生成基于 CFD 的高升阻比设计构型。仅从得到与其他优化算法一样的设计构型来说,TL-DDPG 可以为当前优化问题节省 62.5% 的 CFD 调用次数。同时,从 Datcom 提取经验知识所花费的时间与耗时的 CFD 模拟相比可以忽略不计。

3.8　小　　结

　　本章提出了一种利用强化学习和迁移学习两种机器学习算法解决具有挑战性的导弹气动设计问题的新方法。首先,采用先进的强化学习算法——深度确定性策略梯度,从快速空气动力学预测软件 Datcom 中提取优化经验知识。然后,利用迁移学习将经验知识用于基于 CFD 的气动优化流程。

　　通过导弹气动外形优化问题验证了所提出的优化方法的有效性,将优化参数与 NCGA、NSGA-II 和 MOPSO 三种广泛使用的优化算法通过 Datcom 进行比较,验证了 DDPG 的优化性能。基于 CFD 的实验结果表明,迁移学习能够有效地加快 DDPG 的搜索速度。此外,与三种优化算法相比,本章所提出的 TL-DDPG 在满足阻力系数、压力中心位置和设计变量值的约束下显著地提高了导弹的升阻比,比基线值高 18.67%。而且对比其他优化算法获得类似设计构型的优化问题,TL-DDPG 能为导弹的气动优化问题节省 62.5% 的 CFD 调用次数。

　　综上,TL-DDPG 通过使用 Datcom 中的优化经验作为先验知识,在搜索速度和优化结果方面都优于其他进化算法。本章所提出的 TL-DDPG 对于解决耗时的导弹气动设计优化问题非常有意义,同时深度神经网络可以轻易地扩展到其他相关的设计问题上,因此 TL-DDPG 还可以为其他更复杂的优化问题提供指导和帮助。

参 考 文 献

[1] Lighthill M J. A new method of two-dimensional aerodynamic design. London: Aeronautical Research Council, 1945.

[2] Hicks R M, Murman E M, Vanderplaats G N. An assessment of airfoil design by numerical optimization. NASA TM-X-3092, 1974.

[3] Epstein B, Peigin S, Tsach S. A new efficient technology of aerodynamic design based on CFD driven optimization. Aerospace Science and Technology, 2006, 10(2): 100-110.

[4] Qiu Y, Bai J, Liu N, et al. Global aerodynamic design optimization base on data dimensionality reduction. Chinese Journal of Aeronautics, 2018, 31(4): 643-659.

[5] Liu Y J, Tang L, Tong S, et al. Reinforcement learning design-based adaptive tracking control with less learning parameters for nonlinear discrete-time mimo systems. IEEE Transactions on Neural Networks and Learning Systems, 2015, 26(1): 165-176.

[6] Taylor M E, Stone P. Transfer learning for reinforcement learning domains: A survey. Journal of Machine Learning Research, 2009, 10: 1633-1685.

[7] Sankaran S, Grady L, Taylor C A. Impact of geometric uncertainty on hemody-namic simulations using machine learning. Computer Methods in Applied Mechanics & Engineering, 2015, 297: 167-190.

[8] Choi Y C, Son J H, Ahn H S. Fault detection and isolation for a small CMG-based satellite: A fuzzy q-learning approach. Aerospace Science and Technology, 2015, 47(1-4): 340-355.

[9] Ma Y, Zhu W, Benton M G, et al. Continuous control of a polymerization system with deep reinforcement learning. Journal of Process Control, 2019, 75: 40-47.

[10] 陈怀瑾. 防空导弹武器系统总体设计和试验. 北京: 中国宇航出版社, 1995.

[11] 钱杏芳, 林瑞雄, 赵亚男. 导弹飞行力学. 北京: 北京理工大学出版社, 2006.

[12] 李新国, 方群. 有翼导弹飞行动力学. 西安: 西北工业大学出版社, 2005.

[13] 胡小平, 吴美平, 王海丽. 导弹飞行力学基础. 长沙: 国防科技大学出版社, 2006.

[14] 吴心筱, 王晗, 武玉伟. 迁移学习基础及应用. 北京: 北京理工大学出版社, 2021.

[15] van Nguyen N, Tyan M, Jin S, et al. Adaptive multifidelity constraints method for efficient multidisciplinary missile design framework. Journal of Spacecraft and Rockets, 2016, 53: 184-194.

[16] Ni A, Zhang Y F, Chen H X. An improvement to NSGA-II algorithm and its application in optimization design of multi-element airfoil. Acta Aerodynamica Sinica, 2014, 32: 252-257.

[17] Giacch'e D, Xu L, Coupland J. Optimization of bypass outlet guide vane for low interaction

noise. AIAA Journal,2014,52:1145-1158.

[18] Kutz J N. Deep learning in fluid dynamics. Journal of Fluid Mechanics,2017,814:1-4.

[19] Zhang W D,Wang Y B,Liu Y. Aerodynamic study of theater ballistic missile target. Aerospace Science and Technology,2013,24:221-225.

[20] Secanell M,Gamboa P,Suleman A. Design of a morphing airfoil using aero-dynamic shape optimization. AIAA Journal,2006,44(7):1550-1562.

[21] Hicken J E,Zingg D W. Aerodynamic optimization algorithm with integrated geometry parameterization and mesh movement. AIAA Journal,2010,48(2):400-413.

[22] Biancolini M E,Costa E,Cella U,et al. Glider fuselage-wing junction optimization using CFD and RBF mesh morphing. Aircraft Engineering and Aerospace Technology, 2016, 88(6): 740-752.

[23] Hicks R M,Henne P A. Wing design by numerical optimization. Journal of Aircraft,1977, 15(7):407-412.

[24] Martins J R R A,Weide E,Mader C A,et al. Adjoint:An approach for rapid development of discrete adjoint solvers. AIAA Journal,2008,46(4):863-873.

[25] Yang Y R,Jung S K,Cho T H,et al. Aerodynamic shape optimization system of a canard-controlled missile using trajectory-dependent aerodynamic coefficients. Journal of Spacecraft and Rockets,2012,49(2):243-249.

[26] Tao J,Sun G,Si J,et al. A robust design for a winglet based on NURBS-FFD method and PSO algorithm. Aerospace Science and Technology,2017,70:568-577.

[27] Sooy T J,Schmidt R Z. Aerodynamic predictions,comparisons,and validations using Missile DATCOM(97)and Aeroprediction 98(AP98). Spacecr. Rockets,2005,42(2):257-265.

[28] Zhang W,Wang Y,Liu Y. Aerodynamic study of theater ballistic missile target. Aerospace Science and Technology,2013,24(1):221-225.

[29] Ronch A D,Ghoreyshi M,Badcock K. On the generation of flight dynamics aerodynamic tables by computational fluid dynamics. Progress in Aerospace Sciences, 2011, 47(8): 597-620.

[30] Liem R P,Mader C A,Martins J R. Surrogate models and mixtures of experts in aerodynamic performance prediction for aircraft mission analysis. Aerospace Science and Technology,2015,43:126-151.

[31] Giacché D,Xu L,Coupland J. Optimization of bypass outlet guide vane for low interaction noise. AIAA Journal,2014,52(6):1145-1158.

[32] Forrester A I J,Keane A J. Recent advances in surrogate-based optimization. Progress in Aerospace Sciences,2009,45(1):50-79.

[33] Claeys M,Latré S,Famaey J,et al. Design and optimisation of a Q-learning-based http adaptive streaming client. Connection Science,2014,26(1):25-43.

[34] Mnih V,Kavukcuoglu K,Silver D,et al. ,Human-level control through deep reinforcement learning. Nature,2015,518(7540):529.

[35] Peters J. Reinforcement learning for humanoid robotics. Autonomous Robots,2003,12(1): 1-20.

[36] Lebon M,Fellouah H,Galanis N,et al. Numerical analysis and field measurements of the airflow patterns and thermal comfort in an indoor swimming pool:A case study. Energy Efficiency,2017,10(3):527-548.

[37] Ridluan A. CFD investigation of compressible low angles of attack flow over the missile. Journal of Applied Physics,2014,4(6):339-347.

[38] Abadi M,Barham P,Chen J,et al. Tensorflow:A system for large-scale machine learning. Proceedings of the 12th USENIX Conference on Operating Systems Design and Implementation,USENIX Association,2016:265-283.

[39] Pukkala T,Miina J. A method for stochastic multiobjective optimization of stand management. Forest Ecology & Management,1997,98(2):189-203.

[40] Bueno-Orovio A,Castro C,Palacios F,et al. Continuous adjoint approach for the Spalart-Allmaras model in aerodynamic optimization. AIAA Journal,2012,50(3):631-646.

[41] Kampolis I C,Trompoukis X S,Asouti V G,et al. CFD-based analysis and two-level aerodynamic optimization on graphics processing units. Computer Methods in Applied Mechanics & Engineering,2010,199(9):712-722.

[42] Yan Z T,Mao W M,Weng X T. Optimal design and experimental study of the active vibration isolation system based on NCGA algorithm. 2010 International Conference of Information Science and Management Engineering. IEEE,2010:286-290.

[43] Wang X D,Hirsch C,Kang S,et al. Multi-objective optimization of turbo-machinery using improved NSGA-II and approximation model. Computer Methods in Applied Mechanics & Engineering,2011,200(9):883-895.

[44] Ding S,Chen C,Xin B,et al. A bi-objective load balancing model in a distributed simulation system using NSGA-II and MOPSO approaches. Applied Soft Computing, 2018, 63: 249-267.

第4章 时变速度下的多约束中制导编队

4.1 概 述

制导和控制系统分别用于生成和执行飞行指令,对飞行器飞行至关重要。比例导引等传统制导律仅注重降低脱靶量,为了改善复杂任务场景下的制导性能,需要增加终端角度和飞行时间等约束条件,例如在某些情况下要求飞行器从指定方向接近目标,则需要施加终端角度约束[1-4];当飞行器群需要集结成一个编队时,则需要对飞行时间和位置进行协同控制[5-8]。飞行器集群飞行过程中应同时满足脱靶量、飞行时间和终端角度三个性能指标。因此,带飞行时间约束和终端角度的制导律(impact time and angle control guidance,ITACG)具有重要价值,在学术界和工业界都引起了广泛的关注。

近些年来,学者们基于不同的理论和方法针对 ITACG 进行了一系列研究,包括最优控制理论[9-11]、滑模控制理论[12,13]、基于比例导引的方法[14,15]以及基于计算几何的方法[16,17]等。Lee 等[9]首次提出了基于最优控制理论的 ITACG,该制导律由一个反馈回路和一个附加的控制指令组成,前者用于以零控脱靶量实现所需的撞击角度,后者用于控制撞击时间。文献[10]提出了一种基于虚拟目标法的两阶段最优 ITACG:在第一阶段,考虑非线性动力学模型,推导出了一个解析形式的能量最优闭环制导律,无须任何数值算法即可实现;在第二阶段,采用比例导引来增强对潜在干扰的鲁棒性,并保证了两阶段制导律能够平滑切换。因此,该制导律能够适应具有任意初始条件和任意终端攻击约束的全方位攻击场景。文献[11]将制导问题描述为一个最优控制模型(其系统方程在内部点处存在不连续性),并采用迭代引导法来高效解决两点边界值问题。文献[12]通过引入视线速率成型过程,结合反步控制和二阶滑模控制提出了一种新的鲁棒二阶滑模控制律。由于该制导律具有很强的鲁棒性,因此它可以应用于许多现实的交战场景,其中包括目标机动等不确定因素。Hou 等[13]基于非奇异终端滑模(nonsingular terminal sliding model,NTSM)控制理论设计了两种不同的终端滑模面,提出并分析了两种不同的李雅普诺夫(Lyapunov)候选函数,并得到了稳定性条件。与传统的基于滑模控制的制导律相比,该制导律采用在线控制,它不需要离线设计视线角曲线,也不需要在攻击时间约束制导和攻击角度约束制导之间切换。Zhang 等[14]基于比例导引法,提出了偏置比例导引律,通过设计附加项,实现攻击时间和攻击角度的控制。文献[15]基于几何修正的比例导引法,推导出一种攻击角度导引律,在此基础上,利用约束一致性算法设计了导弹协同推力控制律,实现了对攻击角度和攻击时间的控制。然而,飞行器在上述制导律下的飞行轨迹是隐式的,难以精确估计剩余飞行时间。因此,一种基于计算几何的制导律为 ITACG 的研究提供了新视角,文献[16]采用 Dubins 路径集合中的"CLC"型路径实现了多飞行器的协同航路规划,既能保证飞行器同时到达,又能满足初始角度约束及终端角度约束,这里"C"代表圆弧,"L"代表直线段,"CLC"型路径是两端为圆弧、中间用切线相连的轨迹。在此基础上,张友安等[17]提出一种"CCC"型路径规划的制导方法(相较于"CLC"型轨迹,"CCC"型轨迹有着更大的时间调节范围),给出了具体的解析计算公式,并且能够实现在线规划。

本书研究的机载主动防御场景中往往要用性能处于劣势的导弹拦截高速高机动目标,需要在中、末制导交班时刻在目标周围形成有利的拦截阵形,因此中制导过程需要通过上述带终端角度和飞行时间约束的制导律协同控制每一枚拦截弹。本章首先根据终端角度、到达时间、最大过载等约束,构造了包含发动机推力和阻力的导弹质点动力学模型,分析了多约束飞行轨迹的设计需求;然后采用 Bezier 曲线设计了一种二段式飞行轨迹,并推导了轨迹长度、最大曲率的解析解。通过沿指定的直线轨迹飞行实现终端角度约束,通过调节轨迹切换点位置实现飞行时间约束,通过限制轨迹最大曲率实现最大过载约束,同时,曲率约束限制了轨迹切换点的调节范围,进而也限制了到达时间的范围。此外,本章还分别介绍了基于逆动力学和线性二次型调节器(linear quadratic regulator,LQR)控制的轨迹跟踪算法,使导弹能在存在非零飞行控制系统时间常数的情况下沿设计轨迹飞行。仿真结果显示,本章所提制导方法能在多约束条件下有效控制导弹飞行的终端角度和到达时间,实现同一地点发射、不同地点发射等多种场景下的多弹协同,验证了这两种制导方法在时间约束、角度控制方面的有效性和优越性。

本章的结构安排如下:4.2 节构造了多约束二维中制导编队问题的运动学、动力学数学模型;4.3 节采用二阶 Bezier 曲线设计了飞行轨迹,分析了轨迹曲率和长度;4.4 节给出了基于逆动力学和 LQR 控制的两种轨迹跟踪方法;4.5 节给出了所提制导方法在多场景中的运用方法,并对典型场景进行了数值仿真验证;4.6 节对本章进行了小结。

4.2 二维中制导问题构造

对于飞行器而言,制导系统根据飞行任务产生加速度指令,并将其传递给飞行控制系统,然后飞行控制系统通过调整导弹的俯仰和偏航平面中的升力和横向力来实施制导指令。因此,三维运动通常可以解耦成两个相互正交的平面,一般对应飞行控制系统的俯仰和偏航平面,这也是许多与制导有关的研究都是基于二维平面开展的原因。

考虑如图 4.1 所示的制导情形,在反坦克、反舰等典型场景中,由于导弹的速度比目标快得多且制导过程短暂,传统制导律设计过程中通常忽略目标速度的影响,即假设目标静止,仅考虑制导过程中的终端角度和到达时间约束。设导弹的速度为 $V(t)$,法向加速度为 a,加速度幅值的上限为 $a_{\max}$,导弹与目标均假设为质点,在惯性坐标系 XOY 中的坐标分别为 $(x_{\mathrm{m}}, y_{\mathrm{m}})$ 和 $(x_{\mathrm{t}}, y_{\mathrm{t}})$,导弹的航向角和视线角 LOS 分别为 θ 和 λ,期望的终端角度用 θ_{f} 表示,导弹航向与视线角 LOS 的夹角为 σ,角度的正方向为逆时针方向。

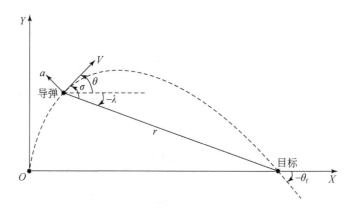

图 4.1　二维制导情形及相关变量的定义

在推导导弹的运动方程时,暂不考虑重力影响,采用的阻力模型由两种类型的阻力组成,即寄生(零升力)阻力和诱导阻力,本章导弹动力学模型中采用文献[18][19]中的寄生阻力模型,导弹的速度变化可表示为推力 P_{en} 和气动阻力的函数,即

$$\dot{V} = \frac{1}{m}\left(P_{\mathrm{en}} - \frac{1}{2}\rho V^2 S C_{\mathrm{D}} - k_{\mathrm{D}}\right) \tag{4-1}$$

其中,m、S 和 ρ 分别为导弹的质量、参考面积和空气密度;C_{D} 为寄生阻力系数,其与导弹速度的关系如图 4.2 所示;k_{D} 为诱导阻力系数;m 和 P_{en} 根据导弹的实际参数给定,均为包含时间 t 的函数,即

$$P_{\mathrm{en}}(t) = \begin{cases} T_{\mathrm{en}}, & t \leqslant t_{\mathrm{en}} \\ 0, & t > t_{\mathrm{en}} \end{cases} \tag{4-2}$$

$$
m(t) = \begin{cases} m_0 - \int_0^t \mu \mathrm{d}t, & t \leqslant t_{en} \\ m_0 - m_{fu}, & t > t_{en} \end{cases} \tag{4-3}
$$

其中，T_{en}、μ、m_{fu} 和 t_{en} 分别为发动机的推力、燃料消耗率、燃料质量和最大工作时间。

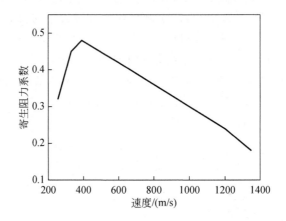

图 4.2　导弹寄生阻力系数随速度变化关系曲线（用于计算气动阻力）

由于导弹飞行控制系统的响应速度相较于导弹自身的响应速度快得多，所以在制导律设计过程中一般忽略飞行控制系统时间常数的影响，因此导弹在二维平面的飞行运动可表示为

$$
\dot{x}_m = V\cos\theta
$$

$$
\dot{y}_m = V\sin\theta
$$

$$
\dot{\theta} = \frac{a}{V} \tag{4-4}
$$

$$
|a| \leqslant a_{\max}
$$

相对距离 r 和视线角 LOS 的变化可表示为

$$
\dot{r} = -V\cos\sigma \tag{4-5}
$$

$$
\dot{\lambda} = \frac{-V\sin\sigma}{R} \tag{4-6}
$$

在脱靶量、过载限制、终端角度和到达时间四重约束下，制导律的设计目标可用如下公式表示：

$$
\lim_{t \to t_f} x_m \to x_t, \quad \lim_{t \to t_f} y_m \to y_t, \quad \lim_{t \to t_f} \theta \to -\theta_f \tag{4-7}
$$

其中，t_f 为期望的到达时间。

为了便于推导，将惯性坐标系的原点放置在导弹的发射点，X 轴置于目标位置与原点的连线上，在该惯性坐标系中，导弹和目标的位置分别为（0，0）和

$(x_t, 0)$。值得注意的是,这样的参考系是相对于导弹的当地坐标系,如果导弹从不同的位置发射,还需按照第 2.5.3 节所述进行地理坐标系与各个导弹当地坐标系的转换。

4.3　多约束轨迹设计

制导与控制流程图如图 4.3 所示,制导系统根据初始条件,基于二阶 Bezier 曲线生成二段式飞行轨迹以满足攻击时间和角度约束,生成过程充分考虑曲率约束以确保轨迹是可飞行的,进一步限制了轨迹切换点的位置,最后分别使用基于逆动力学和 LQR 控制的两种方法生成轨迹跟踪指令。

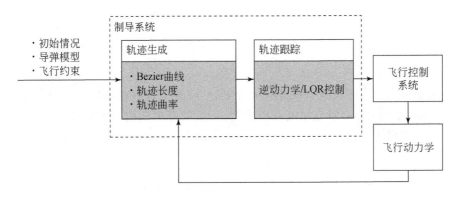

图 4.3　制导与控制流程图

4.3.1　轨迹生成

在交会末期导弹与目标的距离足够小时,导弹的飞行轨迹可看作一条直线。如果这条直线轨迹与目标所成的夹角与期望的终端角度相同,则导弹满足终端角度约束,因此导弹轨迹的设计工作可分为两部分:一是设计一条满足终端角度约束的直线碰撞轨迹;二是设计一条将导弹从发射点沿初始速度向量过渡到直线碰撞轨迹的曲线。两条曲线分别对应导弹飞行的终段和初段,导弹进入直线碰撞轨迹的位置称为轨迹切换点。二阶段式飞行轨迹示意图如图 4.4 所示。

在惯性坐标系中,根据已知的目标位置和期望的终端角度,可以得到直线碰撞轨迹所在直线的方程为

$$y = \tan\theta_f \cdot (x - x_t) \tag{4-8}$$

类似地,根据导弹初始位置和速度向量可以得到发射轨迹所在直线的方程为

$$y = \tan\theta_0 \cdot x \tag{4-9}$$

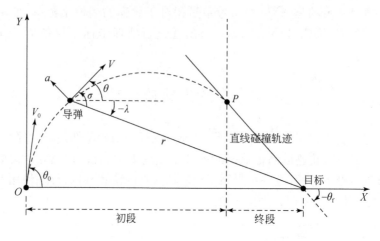

图 4.4　二段式飞行轨迹示意图

其中,θ_0 为导弹初始速度向量与 X 轴的夹角。

由于导弹的飞行轨迹受到过载能力限制,需避免轨迹局部出现无穷曲率的情况,因此轨迹必须是一阶连续的光滑曲线,初段轨迹曲线应与发射速度向量、碰撞直线轨迹均相切。本书引入 Bezier 曲线来解决这一问题,Bezier 曲线的数学表达式为

$$B(\tau) = \sum_{i=0}^{n} b_{i,n}(\tau) P_i, \quad 0 \leqslant \tau \leqslant 1 \tag{4-10}$$

式中,P_i 为曲线的控制点和端点;$b_{i,n}(\tau)$ 为 n 阶的伯恩斯坦(Bernstein)多项式,其表达式为

$$b_{i,n}(\tau) = \frac{n!}{i!\,(n-i)!} \tau^i (1-\tau)^{n-i} \tag{4-11}$$

其中,τ 为取值位于区间 $[0,1]$ 的曲线参数。本章采用二阶 Bezier 曲线,该曲线由两个端点 E_1、E_2 和一个控制点 Q 确定,为将该曲线运用于本章的二维制导问题中,设置点 E_1 为惯性坐标系的原点,点 E_2 为轨迹切换点,点 Q 在发射轨迹线与碰撞轨迹线的交点 I 处,如图 4.5 所示,由此可见,在给定的交会情形中,由于导弹发射位置和目标位置已固定,曲线轨迹的三个特征点中只有点 E_2 是可调的。

将 $n=2$ 代入式(4-10),可得二阶 Bezier 曲线的表达式为

$$B(\tau) = (1-\tau)^2 E_1 + 2(1-\tau)\tau C + \tau^2 E_2 \tag{4-12}$$

该曲线的两个重要几何性质如下,相关证明可参见文献[20]。

性质 1　端点插值性质:给定一条二阶 Bezier 曲线 $B(\tau)$,$\tau \in (0,1)$ 及其两个端点 E_1、E_2 和控制点 C,则 $B(0) = E_1$,$B(1) = E_2$。

性质 2　端点相切性质:给定一条二阶 Bezier 曲线 $B(\tau)$,$\tau \in (0,1)$ 及其两个端

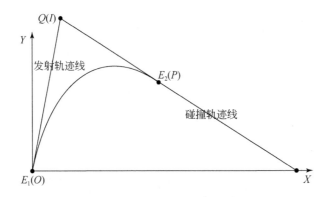

图 4.5　基于二阶 Bezier 曲线的轨迹生成示意图

点 E_1、E_2 和控制点 C，则 E_1C 与该 Bezier 曲线相切于点 E_1，E_2C 与该 Bezier 曲线相切于点 E_2。

根据以上两点性质，图 4.5 中的二阶 Bezier 曲线与碰撞轨迹所在直线相切，又与发射速度向量相切，满足轨迹设计要求中的一阶连续性。此外，飞行时间本质上是轨迹长度与飞行速率的商，因此调节轨迹长度可控制飞行时间，而在发射角度、到达时间和终端角度给定的条件下，只有轨迹切换点能作为可调参数，因此轨迹切换点的调节是满足飞行时间约束的关键，下面推导这二者之间的关系。设二阶 Bezier 曲线上的点坐标为 (x, y)，将其代入式(4-12)可得

$$
\begin{aligned}
x &= (1-\tau)^2 x_{E_1} + 2(1-\tau)\tau x_Q + \tau^2 x_{E_2} \\
y &= (1-\tau)^2 y_{E_1} + 2(1-\tau)\tau y_Q + \tau^2 y_{E_2}
\end{aligned}
\tag{4-13}
$$

其中，(x_{E_1}, y_{E_1}) 为惯性坐标系原点 E_1 的坐标；(x_{E_2}, y_{E_2}) 为轨迹切换点 E_2 的坐标，满足式(4-8)，即该点位于碰撞直线轨迹上；(x_Q, y_Q) 为起始轨迹线与碰撞轨迹线的交点 Q 的坐标，由式(4-8)与式(4-9)可得

$$
\begin{aligned}
x_Q &= \frac{x_t \tan\theta_f}{\tan\theta_f - \tan\theta_0} \\
y_Q &= \frac{x_t \tan\theta_f \tan\theta_0}{\tan\theta_f - \tan\theta_0}
\end{aligned}
\tag{4-14}
$$

对式(4-13)求一阶导数可得

$$
\begin{aligned}
\frac{\mathrm{d}x}{\mathrm{d}\tau} &= -2(1-\tau)x_{E_1} + 2(1-2\tau)x_Q + 2\tau x_{E_2} \\
\frac{\mathrm{d}y}{\mathrm{d}\tau} &= -2(1-\tau)y_{E_1} + 2(1-2\tau)y_Q + 2\tau y_{E_2}
\end{aligned}
\tag{4-15}
$$

整个二段式轨迹的长度 L 与点 E_2 的关系可用下式表述：

$$L(x_{E_2}) = \int_0^1 \sqrt{\left(\frac{\mathrm{d}x}{\mathrm{d}\tau}\right)^2 + \left(\frac{\mathrm{d}x}{\mathrm{d}\tau}\right)^2}\, \mathrm{d}\tau + \frac{x_t - x_{E_2}}{\cos\theta_f} \tag{4-16}$$

为方便计算到达时间,推导轨迹长度的解析解,首先将式(4-12)和式(4-16)改写为如下形式:

$$\boldsymbol{B}(\tau) = \boldsymbol{J}\tau^2 + 2\boldsymbol{K}\tau \tag{4-17}$$

$$L = \int_0^1 2\sqrt{|\boldsymbol{J}|^2\tau^2 + 2(\boldsymbol{J}\cdot\boldsymbol{K})\tau + |\boldsymbol{K}|^2}\, \mathrm{d}\tau + \frac{x_t - x_{E_2}}{\cos\theta_f} \tag{4-18}$$

其中,$\boldsymbol{J} = \boldsymbol{E}_1 - 2\boldsymbol{Q} + \boldsymbol{E}_2$;$\boldsymbol{K} = \boldsymbol{Q} - \boldsymbol{E}_1$。令 $D = (\boldsymbol{J}\boldsymbol{K})/|\boldsymbol{J}|^2$ 和 $E = |\boldsymbol{K}|^2/|\boldsymbol{J}|^2$,可得

$$L = 2|\boldsymbol{J}|\int_0^1 \sqrt{\tau^2 + 2D\tau + E}\, \mathrm{d}\tau + \frac{x_t - x_{E_2}}{\cos\theta_f} \tag{4-19}$$

将 $u = \tau + D$ 代入式(4-19)可得

$$L = 2|\boldsymbol{J}|\int_D^{1+D} \sqrt{u^2 + U}\, \mathrm{d}u + \frac{x_t - x_{E_2}}{\cos\theta_f}$$

$$= |\boldsymbol{J}|\left[N(1+D) - N(D)\right] + \frac{x_t - x_{E_2}}{\cos\theta_f} \tag{4-20}$$

其中,$U = E - D^2$;$N(u) = u\sqrt{u^2 + U} + U\ln(u + \sqrt{u^2 + U})$。将 $D = (\boldsymbol{J}\boldsymbol{K})/|\boldsymbol{J}|^2$,$E = |\boldsymbol{K}|^2/|\boldsymbol{J}|^2$ 和 $\boldsymbol{W} = \boldsymbol{J} + \boldsymbol{K}$ 代入式(4-20),可得

$$L = \frac{|\boldsymbol{W}|(\boldsymbol{J}\boldsymbol{W}) - |\boldsymbol{K}|(\boldsymbol{J}\boldsymbol{K})}{|\boldsymbol{J}|^2} + \left(\frac{|\boldsymbol{K}|^2}{|\boldsymbol{J}|} - \frac{(\boldsymbol{J}\boldsymbol{K})^2}{|\boldsymbol{J}|^3}\right)$$

$$\cdot \log\frac{|\boldsymbol{J}||\boldsymbol{W}| + \boldsymbol{J}\boldsymbol{W}}{|\boldsymbol{J}||\boldsymbol{K}| + \boldsymbol{J}\boldsymbol{K}} + \frac{x_t - x_{E_2}}{\cos\theta_f} \tag{4-21}$$

虽然得到了轨迹长度与切换点 E_2 的关系式,但还无法直接确定飞行时间,这是因为导弹的速度是时变的,轨迹长度 L 与飞行时间之间还需满足如下关系式:

$$\beta(t_f, x_{E_2}) = \int_0^{t_f}\int_0^t \dot{V}(\sigma)\,\mathrm{d}\sigma\,\mathrm{d}t - L(x_{E_2}) = 0 \tag{4-22}$$

式(4-22)的物理意义很明确,即导弹在整个飞行时间段 $[t_0, t_f]$ 以非定常速度 $V(t)$ 飞行的距离与轨迹长度相等,导弹在 t_f 时刻到达既定位置。

4.3.2　轨迹曲率分析

由于导弹飞行的加速度指令与飞行轨迹的曲率密切相关,为了保证导弹在过载受限的情况下能按设计轨迹飞行,需要着重分析轨迹的最大曲率。由于终段轨迹是曲率为零的直线,所以只需关注初段轨迹曲率,根据式(4-12)可得

$$\boldsymbol{B}'(\tau) = -2(1-\tau)\boldsymbol{E}_1 + (2-4\tau)\boldsymbol{Q} + 2\tau\boldsymbol{E}_2$$

$$\boldsymbol{B}''(\tau) = 2\boldsymbol{E}_1 - 4\boldsymbol{Q} + 2\boldsymbol{E}_2$$

$$\boldsymbol{B}'(0) = -2\boldsymbol{E}_1 + 2\boldsymbol{Q}$$

$$\boldsymbol{B}'(1) = -2\boldsymbol{Q} + 2\boldsymbol{E}_2 \tag{4-23}$$

二阶 Bezier 曲线的曲率 $k(\tau)$ 可表示为[21]

$$k(\tau) = \frac{\boldsymbol{B}'(\tau) \times \boldsymbol{B}''(\tau)}{|\boldsymbol{B}'(\tau)|^3} \tag{4-24}$$

将点 E_2 的坐标代入式(4-24)可得

$$k(\tau) = \frac{-4|\boldsymbol{E}_1\boldsymbol{E}_2|l}{|\boldsymbol{B}'(\tau)|^3} \tag{4-25}$$

其中, l 为点 Q 距离直线 $\boldsymbol{E}_1\boldsymbol{E}_2$ 的距离。对式(4-25)求导可得

$$k'(\tau) = \frac{12|\boldsymbol{E}_1\boldsymbol{E}_2|l}{|\boldsymbol{B}'(\tau)|^4}|\boldsymbol{B}'(\tau)|' \tag{4-26}$$

根据式(4-26),曲率 $k(\tau)$ 当且仅当满足式(4-27)时单调,即

$$\forall \tau \in (0,1), \quad |\boldsymbol{B}'(\tau)|' \neq 0 \tag{4-27}$$

命题 1　给定一条二阶 Bezier 曲线 $B(\tau)$ 及其两个端点 E_1、E_2 和控制点 Q,定义线段 E_1E_2 的中点为 M,如图 4.6 所示,当 $\angle E_1QM$ 或 $\angle MQE_2$ 大于等于 $\pi/2$ 时,$B(\tau)$ 曲率单调,否则 $B(\tau)$ 曲率非单调。

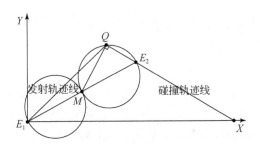

图 4.6　二阶 Bezier 曲线曲率单调的临界情况

证明　从式(4-23)可以分析出,$B'(\tau)$ 可表示为如图 4.7 所示的几何线段,线段的两个端点为 $F = B'(0)$ 和 $G = B'(1)$。首先根据三角形 OFG 构建平行四边形 $OFHG$,并定义线段 OH 的中点为 M',根据式(4-23),$\boldsymbol{OF} = B'(0) = 2\boldsymbol{E}_1\boldsymbol{Q}$、$\boldsymbol{FH} = \boldsymbol{OG} = B'(1) = 2\boldsymbol{QE}_2$,因此三角形 OFH 相似于三角形 E_1QE_2,即 $\angle OFG = \angle E_1QM$、$\angle OGF = \angle MQE_2$。假设存在 $\tau_A \in (0,1)$ 使得 $|B'(\tau_A)|' = 0$,则 $B'(\tau_A)$ 等同于垂直于直线 FG 的 $\boldsymbol{OA}$,当点 A 位于线段 FG 之外时,曲线 $B(\tau)$ 的曲率是单调的,而点 A 位于线段 FG 之外的情形对应着 $\angle OFG = \angle E_1QM \geq \pi/2$ 或 $\angle OGF = \angle MQE_2 \geq \pi/2$,图 4.6 展示了 $\angle MQE_2 = \pi/2$ 的临界情况。

命题 2　二段式轨迹的最大曲率可表示为

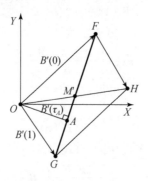

图 4.7 二阶 Bezier 曲线的一阶导数分析图

$$|k(\tau)|_{\max} = \begin{cases} \max\{|k(0)|, |k(1)|\}, & \text{当} \angle E_1 QM > \dfrac{\pi}{2} \text{或} \angle MQE_2 > \dfrac{\pi}{2} \\ \dfrac{\min\{|k(0)|, |k(1)|\}}{\min\{\sin x^3 \angle E_1 QM, \sin x^3 \angle MQE_2\}}, & \text{其他情况} \end{cases}$$

$$(4\text{-}28)$$

证明 轨迹曲率的分析可分为单调曲率和非单调曲率两种情况。在单调曲率情况下,曲率 $k(\tau)$ 的最大值为

$$|k(\tau)|_{\max} = \max\{|k(0)|, |k(1)|\} \tag{4-29}$$

具体地,当 $\angle E_1 QM \geqslant \pi/2$ 时, $|k(\tau)|_{\max} = |k(0)|$,即最大曲率位于导弹发射点;当 $\angle MQE_2 \geqslant \pi/2$ 时, $|k(\tau)|_{\max} = |k(1)|$,即最大曲率位于轨迹终点。

当轨迹曲率非单调时,曲率 $k(\tau)$ 在 $\tau = \tau_A$ 处取得最大值,在 $\tau = 0$ 或 $\tau = 1$ 处取得最小值,因此 $k(\tau)$ 的最大值与最小值之比为

$$\frac{|k(\tau)|_{\max}}{|k(\tau)|_{\min}} = \frac{|k(\tau_A)|}{\min\{|k(0)|, |k(1)|\}} \tag{4-30}$$

将式(4-25)代入式(4-30)可得

$$\frac{|k(\tau)|_{\max}}{|k(\tau)|_{\min}} = \frac{\max\{|B'(0)|^3, |B'(1)|^3\}}{|B'(\tau_A)|^3} = \frac{\max\{|OF|^3, |OG|^3\}}{|OA|^3} \tag{4-31}$$

由命题 1 的证明过程可得下式成立:

$$\frac{|OA|}{|OF|} = \sin\angle OFG = \sin\angle E_1 QM$$

$$\frac{|OA|}{|OG|} = \sin\angle OGF = \sin\angle MQE_2 \tag{4-32}$$

最后,将式(4-32)代入式(4-31)可得

$$\frac{|k(\tau)|_{\max}}{|k(\tau)|_{\min}} = \frac{1}{\min\{\sin x^3 \angle E_1 QM, \sin x^3 \angle MQE_2\}} \tag{4-33}$$

4.3.3　到达时间分析

根据 4.3.2 节的分析，在给定点 E_1 和 C 的情况下，飞行时间只能通过沿碰撞轨迹线调节切换点 E_2 来调节，此外，为了保证导弹能够沿所得轨迹飞行，点 E_2 的调节范围需要加以限制，下面进一步分析曲率问题。

从式(4-28)可以看出，无论是单调曲率还是非单调曲率的情况，最大曲率 $|k(\tau)|_{max}$ 均与 $|k(0)|$、$|k(1)|$ 相关，对 $|k(0)|$ 和 $|k(1)|$ 分别求偏导得

$$\frac{\mathrm{d}|k(0)|}{\mathrm{d}x_{E_2}} = \frac{y_{E_1} - y_Q}{2\left[(x_Q - x_{E_1})^2 + (y_Q - y_{E_1})^2\right]^{\frac{3}{2}}}$$

$$\frac{\mathrm{d}|k(1)|}{\mathrm{d}x_{E_2}} = \frac{\left[(x_{E_2} - x_Q)^2 + (y_{E_2} - y_Q)^2\right](y_{E_1} - y_Q)}{2\left[(x_{E_2} - x_Q)^2 + (y_{E_2} - y_Q)^2\right]^{\frac{5}{2}}} \tag{4-34}$$

$$+ \frac{3(x_{E_2} - x_Q)\left[x_Q(y_{E_1} - y_{E_2}) + x_{E_1}(y_{E_2} - y_Q) + x_{E_2}(y_Q - y_{E_1})\right]}{2\left[(x_{E_2} - x_Q)^2 + (y_{E_2} - y_Q)^2\right]^{\frac{5}{2}}}$$

根据制导问题所描述的情形(图 4.4)，只需考虑 $y_Q \geqslant 0$、$x_Q \leqslant x_{E_2} \leqslant x_t$ 的情形，由式(4-34)可以看出，当 x_{E_2} 趋于 x_Q 时，$\mathrm{d}|k(1)|/\mathrm{d}x_{E_2}$ 趋于无穷，因此为了保证导弹能沿设计轨迹飞行，点 E_2 和点 Q 之间存在着最小距离限制，即 E_2 的调节范围受限，而这个调节范围进一步限制了飞行时间的可调范围 $[t_{fmin}, t_{fmax}]$。综上，飞行时间的可调范围 $[t_{fmin}, t_{fmax}]$ 由初始距离 x_t、初始发射角 θ_0、终端角度 θ_f 和轨迹切换点 E_2 决定，除 E_2 外均已在初始条件中给定，所以只能通过调节 E_2 控制飞行时间，E_2 与飞行时间的关系可表述为

$$\beta(t_f, x_{E_2}) = 0$$
$$\text{s. t. } y_{E_2} = \tan(-\theta_f)(x_{E_2} - x_t) \tag{4-35}$$
$$|k(\tau)|_{max} \leqslant a_{max}/V^2, \quad \tau \in [0,1]$$
$$x_{E_2} \in (x_Q, x_t]$$

计算非定常速度导弹沿设计轨迹飞行所需时间可分为三个步骤：首先根据式(4-1)～式(4-3)进行一次仿真计算生成飞行距离随时间变化的曲线，然后根据式(4-16)计算设计轨迹的长度，最后将该长度和飞行距离曲线匹配，确定飞行时间。

这样一来，飞行时间的控制问题转化为飞行距离与轨迹长度的匹配问题，然而式(4-35)是一个多约束的非线性方程，难以求得解析解，因此本书采用一种无梯度寻优算法——自适应网格直接搜索(mesh adaptive direct search，MADS)算法求解该问题，该算法具有严格的收敛性和最优性分析[22]，并且已经成功用于解决其他航空航天领域的工程问题[23-25]。用于搜索到达时间可调范围的目标函数如下

所示:

$$\min t_f \quad \text{or} \quad \max t_f$$
$$\text{s. t.} \; x_{E_2} \in (x_Q, x_t]$$
$$\beta(t_f, x_{E_2}) = 0 \tag{4-36}$$
$$y_{E_2} = \tan(-\theta_f)(x_{E_2} - x_t)$$
$$|k(\tau)|_{\max} \leqslant a_{\max}/V^2, \quad \tau \in [0,1]$$

MADS 算法将变量搜索空间离散化为网格,并在网格节点上不断迭代评估目标函数的值,第 n 次迭代的网格稀疏度用 Δ_n^m 表示,到达时间 t_f 极限值的搜索过程如下。

(1)初始化:令 $x_{E_2,0} \in (x_Q, x_t]$ 为搜索的起点,$\Delta_0^m > 0$ 为搜索网格的初始稀疏度。

(2)搜索和池化:不断评估位于网格节点上的测试点,直至找到一个更优的点,或者是所有测试点都已评估完毕。结合启发式选点策略可以提高多维搜索效率。

(3)更新:若第 n 次迭代找到了一个更优的点,则这个点作为一个本分解 $x_{E_2,n+1}$ 并用于下一次迭代,同时网格的稀疏度会增大,即 $\Delta_{n+1}^m > \Delta_n^m$,因为稀疏的网格可以加速收敛过程;若第 n 次没有找到更优点,则 $x_{E_2,n+1}$ 设置为与 $x_{E_2,n}$ 相等,Δ_{n+1}^m 设置为小于 Δ_n^m,这样可以通过加密搜索网格来提升 $x_{E_2,n}$ 邻域的局部搜索精度。

(4)重复步骤(2)~(3)直到满足终止条件。终止条件可以设置为搜索结果收敛到一定阈值,或是网格稀疏度低于某下限值,此外运用多起点搜索技术可以提高全局搜索的性能,通过比较得到搜索范围内的最优解。

MADS 算法也被运用于在给定 t_f 的条件下,搜索对应的轨迹切换点 E_2,搜索过程的目标函数如下:

$$\min \; L(x_{E_2}) - \int_0^{t_f} \int_0^t \dot{V}(\sigma) \mathrm{d}\sigma \mathrm{d}t$$
$$\text{s. t.} \; x_{E_2} \in [x_Q, x_t] \tag{4-37}$$
$$y_{E_2} = \tan(-\theta_f)(x_{E_2} - x_t)$$
$$|k(\tau)|_{\max} \leqslant a_{\max}/V^2, \quad \tau \in [0,1]$$

如果搜索过程中的约束条件被破坏,目标函数值将置为无穷大作为惩罚。飞行时间范围的边界搜索精度是由仿真步长和收敛准则决定的,因此边界精度有限,但从另一方面来看,轨迹的几何形状随轨迹切换点 E_2 变化的过程是连续的,因此 MADS 算法搜索得到的时间范围是实际可得飞行时间范围的严格子集。通过二阶 Bezier 曲线生成满足飞行时间、终端角度和最大过载约束的飞行轨迹过程可用算法 4.1 表述。

算法 4.1　基于二阶 Bezier 曲线的多约束轨迹生成算法

1. 给定初始情况和终端角度约束,根据式(4-8)和式(4-9)计算碰撞轨迹线和发射轨迹线
2. 根据飞行时间、飞行过载约束,使用 MADS 算法和目标函数式(4-37)沿碰撞轨迹线搜索符合需求的轨迹切换点
3. 根据式(4-13)和得到的轨迹切换点计算飞行轨迹参数方程

4.4　制导律设计

由于飞行过程存在不确定性,导弹的飞行轨迹会受到干扰,此外导弹飞行控制系统的非零时间常数也会导致其实际飞行轨迹偏离设计轨迹,因此需要使用合适的轨迹跟踪算法使导弹沿既定轨迹飞行。本章分别介绍了基于逆动力学和 LQR 控制的两种方法对生成的多约束轨迹进行跟踪控制。

由于 Bezier 曲线是基于曲线参数 τ 的参数化曲线,对于轨迹跟踪来说,需要的是以时间 t 为自变量的路径点,因此首先将设计轨迹转化为时序路径点。从微分的角度看,曲线在足够小的局部可以看作直线,设 $\Delta L_s(i)$ 为导弹在 $\Delta t(i-1)$ 到 Δti 时间段内飞行的距离,则

$$\Delta L_s(i) = |B'(\tau)| \Delta \tau = V(\Delta t(i-1)) \Delta t \tag{4-38}$$

其中,$V(\Delta t(i-1))$ 为 $\Delta t(i-1)$ 时刻导弹的飞行速度;Δt 为仿真步长;$\Delta \tau$ 为 Δt 时间内曲线参数的变化量。根据式(4-23)可得

$$|B'(\tau)| = \sqrt{(2x_Q + 2x_{E_2}\tau - 4x_Q\tau)^2 + (2y_Q + 2y_{E_2}\tau - 4y_Q\tau)^2} \tag{4-39}$$

下面使用数值迭代方法获得曲线参数 τ 与飞行时间 t 的匹配关系,具体过程如算法 4.2 所示。

算法 4.2　获得时序轨迹路径点的算法

1. 首先进行初始化设置,设置初始时间 $t=0$,初始迭代次数 $i=0$ 和初始曲线参数 $\tau_0 = 0$
2. 根据飞行距离随时间变化的曲线,设置 $\Delta L_s(i)$ 的值,并根据下式计算与迭代次数 i、时间 t 对应的曲线参数 $\tau : \tau_i = \tau_{i-1} + \Delta L_s(i)/|B'(\tau)|$
3. 更新时间 $t = t + \Delta t$。不断重复步骤 2 和步骤 3 直到曲线参数 τ 达到其上界 1

经过以上迭代过程后,即可获得以飞行时间 t 为基准的路径点。接下来分别使用基于逆动力学和 LQR 控制的轨迹跟踪算法跟踪这些路径点。

1. 基于逆动力学的制导律设计

逆动力学理论是解决非线性问题的有效方法[26],其通过伪线性化后利用线性系统理论进行控制系统设计。由于 4.3 节提供了与形状相关的轨迹,并且制导命

令通常与时间相关,因此随时间变化的运动方程(4-4)需要转化为随形状变化的运动方程,即

$$\frac{\mathrm{d}y}{\mathrm{d}x}=\tan\theta \tag{4-40a}$$

$$\frac{\mathrm{d}\theta}{\mathrm{d}x}=\frac{a}{V^2\cos\theta} \tag{4-40b}$$

根据式(4-40a)可得当前航向角为

$$\theta=\arctan\left(\frac{\mathrm{d}y}{\mathrm{d}x}\right) \tag{4-41}$$

方程(4-41)对 x 求导可得

$$\frac{\mathrm{d}\theta}{\mathrm{d}x}=\frac{1}{1+\left(\dfrac{\mathrm{d}y}{\mathrm{d}x}\right)^2}\frac{\mathrm{d}^2y}{\mathrm{d}x^2}=\frac{\mathrm{d}^2y}{\mathrm{d}x^2}\cos^2\theta \tag{4-42}$$

将式(4-42)代入式(4-40b)得到

$$a=\frac{\mathrm{d}^2y}{\mathrm{d}x^2}V^2\cos^3\theta \tag{4-43}$$

式(4-15)两边再对 τ 求导可得

$$\frac{\mathrm{d}^2x}{\mathrm{d}\tau^2}=2x_{E_1}-4x_Q+2x_{E_2}$$

$$\frac{\mathrm{d}^2y}{\mathrm{d}\tau^2}=2y_{E_1}-4y_Q+2y_{E_2} \tag{4-44}$$

因此,得到 $\dfrac{\mathrm{d}^2y}{\mathrm{d}x^2}$ 的表达式为

$$\frac{\mathrm{d}^2y}{\mathrm{d}x^2}=\left(\frac{\mathrm{d}y/\mathrm{d}\tau}{\mathrm{d}x/\mathrm{d}\tau}\right)'=\frac{\dfrac{\mathrm{d}^2y}{\mathrm{d}\tau^2}\dfrac{\mathrm{d}x}{\mathrm{d}\tau}-\dfrac{\mathrm{d}y}{\mathrm{d}\tau}\dfrac{\mathrm{d}^2x}{\mathrm{d}\tau^2}}{\left(\dfrac{\mathrm{d}x}{\mathrm{d}\tau}\right)^2} \tag{4-45}$$

将式(4-15)、式(4-44)和式(4-45)代入式(4-43)中,得到制导指令为

$$a=\frac{V^2\cos^3\theta[x_Q(-y_{E_1}+y_{E_2})+x_{E_2}(y_{E_1}-y_Q)+x_{E_1}(-y_{E_2}+y_Q)]}{[(-1+\tau)x_{E_1}+\tau(x_{E_2}-2x_Q)+x_Q]^2} \tag{4-46}$$

2. 基于LQR控制的制导律设计

LQR 控制方法可以根据系统的状态方程,通过在约束条件下使性能指标J_{LQR}最小化求得最优控制指令,是一种常用的航路轨迹跟踪方法[27]。下面使用基于LQR 控制的轨迹跟踪算法跟踪这些路径点,将轨迹跟踪误差保持在较小的水平,轨迹跟踪误差 d 的定义如图4.8所示。

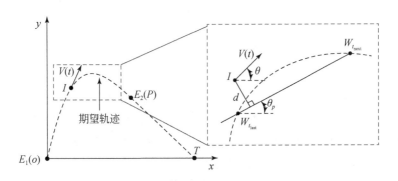

图 4.8　轨迹跟踪策略示意图

图中，$W_{t_{last}}$ 和 $W_{t_{next}}$ 是在时间 t 位于导弹前方和后方且距离导弹最近的路径点，θ_p 为向量 $\boldsymbol{W}_{t_{last}}\boldsymbol{W}_{t_{next}}$ 与 X 轴正方向的夹角，d 为导弹与向量 $\boldsymbol{W}_{t_{last}}\boldsymbol{W}_{t_{next}}$ 的垂直距离，轨迹跟踪的运动学可表示为

$$\dot{d}=V\sin(\theta-\theta_p)$$

$$\ddot{d}=\dot{V}\sin(\theta-\theta_p)+V\cos(\theta-\theta_p)(\dot{\theta}-\dot{\theta}_p) \tag{4-47}$$

由于参考轨迹上相邻两个路径点的间距较小，相邻路径点之间的轨迹可简化为线段，即 $\dot{\theta}_p=0$，假设导弹航迹角 θ 与 θ_p 的夹角始终维持在较小水平，即角 $\theta-\theta_p$ 较小，则 $\ddot{d}=\dot{V}\theta=a$，这样一来轨迹跟踪的动力学可进一步表示为

$$\begin{bmatrix}\dot{d}\\\ddot{d}\end{bmatrix}=\boldsymbol{A}\begin{bmatrix}d\\\dot{d}\end{bmatrix}+\boldsymbol{B}\begin{bmatrix}0\\1\end{bmatrix}a$$

$$\boldsymbol{A}=\begin{bmatrix}0&1\\0&0\end{bmatrix},\quad \boldsymbol{B}=\begin{bmatrix}0\\1\end{bmatrix} \tag{4-48}$$

将位置偏差和控制能量纳入考量，设置 LQR 控制的代价函数如下：

$$J_{LQR}=\frac{1}{2}\int_0^\infty[\boldsymbol{x}^{\mathrm{T}}\boldsymbol{Q}\boldsymbol{x}+\boldsymbol{u}^{\mathrm{T}}\boldsymbol{R}\boldsymbol{u}]\mathrm{d}t \tag{4-49}$$

其中，$\boldsymbol{Q}$ 为状态权重矩阵，且 $\boldsymbol{Q}=\begin{bmatrix}q_1^2&0\\0&q_2^2\end{bmatrix}$；$\boldsymbol{R}$ 为控制权重矩阵，以式(4-49)为代价函数的最优控制解为[28]

$$\boldsymbol{u}=-\boldsymbol{R}^{-1}\boldsymbol{B}^{\mathrm{T}}\boldsymbol{P}\boldsymbol{x} \tag{4-50}$$

式中，$\boldsymbol{P}$ 为如下里卡蒂(Riccati)方程的解，即

$$\boldsymbol{A}^{\mathrm{T}}\boldsymbol{P}+\boldsymbol{P}\boldsymbol{A}-\boldsymbol{P}\boldsymbol{B}\boldsymbol{R}^{-1}\boldsymbol{B}^{\mathrm{T}}\boldsymbol{P}+\boldsymbol{Q}=0 \tag{4-51}$$

求解式(4-51)，可得轨迹跟踪的加速度指令为

$$a=-\left[q_1d+\sqrt{2\,q_1+q_2^2}\,\dot{d}\right] \tag{4-52}$$

4.5　多场景运用方法

通过控制导弹的飞行时间和终端角度,可以实现协同编队或攻击。本节以基于 Bezier 曲线的多约束二维 ITACG 制导方法为基础,在两种常见发射情形下实现协同飞行:一种是导弹从同一地点顺序发射,另一种是导弹从不同地点同时发射。在制导律运用过程中,只需在导弹发射前完成一次轨迹生成的相关计算,然后将参考轨迹路径点装载于弹载计算机,发射之后导弹通过选取的轨迹跟踪算法按既定轨迹飞行。

4.5.1　单枚导弹制导

发射单枚导弹进行多约束飞行的过程大致分为三个阶段:确定可行到达时间范围 $[t_{\text{fmin}},t_{\text{fmax}}]$、选取合适的到达时间 t_{f}、计算轨迹切换点并生成相应轨迹,具体过程如算法 4.3 所示。

算法 4.3　带时间和角度约束的单弹飞行的多约束二维中制导算法
_____

1. 给定初始状态,根据目标函数式(4-36)和终端角度 θ_{f},使用 MADS 算法搜索可行到达时间的下限 t_{fmin} 和上限 t_{fmax}

2. 从可行到达时间范围 $[t_{\text{fmin}},t_{\text{fmax}}]$ 中选取所需的到达时间 t_{f}

3. 使用算法 4.1 生成满足时间和角度约束的飞行轨迹参数方程

4. 使用算法 4.2 将所得轨迹参数方程转化为基于时间的路径点,并根据式(4-46)或式(4-52)计算制导指令

4.5.2　同一地点顺序发射的多弹协同制导

设有 n 枚导弹需要进行相同到达时间和终端角度的协同飞行,记为 $I_i(i=1,2,\cdots,n)$,且这些导弹从同一地点顺序发射,发射的初始速度和角度均为 V 和 θ_0,相邻两次发射的时间间隔为 t_l。为实现时间协同,每一枚导弹发射后所设定的期望到达时间是不同的,若第一枚导弹发射于 $t=0$ 时刻,期望的达到时间为 t_{f},则后续发射导弹的期望到达时间为 $t_{\text{f}}-t_l,t_{\text{f}}-2t_l,\cdots,t_{\text{f}}-(n-1)t_l$。设 $t_{\text{f}}-(n-1)t_l$ 位于到达时间范围内,则实现上述协同飞行的制导过程如算法 4.4 所示。

算法 4.4　同一地点顺序发射的多弹协同中制导算法
_____

1. 给定初始状态,根据目标函数式(4-36)和终端角度 θ_{f},使用 MADS 算法搜索可行飞行时间的下限 t_{fmin} 和上限 t_{fmax}

2. 从可行飞行时间范围 $[t_{\text{fmin}},t_{\text{fmax}}]$ 中选取所需的飞行时间 t_{f}

3. 对每一枚导弹 $I_i(i=1,\cdots,n)$ 进行下列 for 循环计算

4. 根据所需的到达时间$t_{f,i}=t_f-(i-1)t_l$，使用算法 4.1 生成满足时间和角度约束的飞行轨迹参数方程

5. 按算法 4.2 将所得轨迹参数方程转化为基于时间的路径点，并根据式(4-46)或式(4-52)计算制导指令

6. 结束 for 计算

4.5.3　不同地点同时发射的导弹协同制导

设有 n 枚导弹需要进行相同到达时间、不同终端角度的协同飞行，记为$L_i(i=1,2,\cdots,n)$，且这些导弹从不同地点同时发射，发射的初始速度为 V，发射角度各不相同，需要注意的是，轨迹生成的过程是以每一枚导弹的当地坐标系(即速度坐标系，下同)为参考的，而所需的终端角度等初始条件是以地理坐标系为参考的，因此要将地理坐标系中定义的初始条件换算到每个导弹的当地坐标系中。图 4.9 描述了地理坐标系O_E-X_EY_E和当地坐标系 O_i-X_iY_i之间的关系，图中各个当地坐标系的原点O_i对应各个导弹的发射位置，目标位于当地坐标系的 X 轴正半轴，式(4-53)给出了地理坐标系到当地坐标系的换算过程，即

$$\begin{bmatrix} x_i \\ y_i \end{bmatrix} = \begin{bmatrix} \cos\theta_{L_i} & -\sin\theta_{L_i} \\ \sin\theta_{L_i} & \cos\theta_{L_i} \end{bmatrix} \begin{bmatrix} x_E - x_{O_i} \\ y_E - y_{O_i} \end{bmatrix} \tag{4-53}$$

其中，$(x_i,y_i)^T$和$(x_E,y_E)^T$为当地坐标系和地理坐标系中的坐标；$(x_{O_i},y_{O_i})^T$为点O_i在地理坐标系中的坐标；θ_{L_i}为向量$\boldsymbol{O_iT}$与地理坐标系 X 轴正方向的夹角。

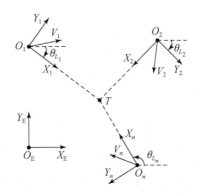

图 4.9　二维协同中的地理坐标系和各弹当地坐标系

第 i 枚导弹的到达时间范围记为$[t_{fmin,i},t_{fmax,i}]$，协同飞行的到达时间选择范围记为 Ω，则$\Omega=[\max\limits_{i=1,2,\cdots,n}(t_{fmin,i}),\min\limits_{i=1,2,\cdots,n}(t_{fmax,i})]$，设 Ω 不为空集，则实现不同地点同时发射情形下的制导过程如算法 4.5 所示。

算法 4.5　不同地点同时发射的时间和角度协同中制导算法

1. 对每一枚导弹 $L_i(i=1,2,\cdots,n)$ 进行下列 for 循环计算

2. 根据式(4-53)将制导初始状态、相关参数换算到 L_i 的当地坐标系中

3. 根据所得初始状态,以式(4-36)为目标函数,使用 MADS 算法搜索终端角度 $\theta_{f,i}$ 下的可行飞行时间的下限 $t_{fmin,i}$ 和上限 $t_{fmax,i}$

4. 结束 for 计算

5. 获取协同时间范围 $\Omega=\bigcap_{i=1}^{n}[t_{fmin,i},t_{fmax,i}]$,并选取所需的协同时间 t_f

6. 对每一枚导弹 $I_i(i=1,2,\cdots,n)$ 进行下列 for 循环计算

7. 使用算法 4.1 生成满足到达时间 t_f 和终端角度 $\theta_{f,i}$ 的飞行轨迹参数方程

8. 使用算法 4.2 获取飞行轨迹路径点,并根据式(4-46)或式(4-52)生成制导指令

9. 结束 for 计算

4.6　仿真结果与分析

本节通过数值仿真实验展现了基于 Bezier 曲线的多约束二维中制导律的性能,并将其仿真结果与 Lee 等在文献[9]中提出的时间和角度约束制导律对比,验证本章所提方法的有效性和优越性。

4.6.1　仿真参数设定

由于 LQR 控制在轨迹跟踪时具有更为优异的鲁棒性,因此在对比仿真中采用 LQR 算法生成制导指令。使用本章制导方法的导弹简称导弹 1,使用文献[9]中制导方法的导弹简称导弹 2。仿真参数设置如下。

(1)导弹的发动机为单室单推力固体发动机,推力 T_{en} 为 10000N,发动机最大工作时间 t_{en} 为 10s,燃料初始总重量 m_{fu} 为 100kg,燃料消耗率 μ 为 10kg/s,诱导阻力系数 k_D 为 0.05,导弹的最大过载 a_{max} 为 200m/s²,目标的位置为(10000m,0m)。

(2)仿真时间步长设为 0.001s,并考虑导弹飞行控制系统的时间常数。因为导弹的飞行控制系统从接收指令到执行这些指令存在时间间隔,会导致导弹的实际飞行轨迹偏离既定轨迹,仿真中加入飞行控制系统时间常数可以检验制导算法的鲁棒性。本节仿真中将飞行控制系统等效为时间常数为 0.2s 的一阶惯性环节。

(3)基于 LQR 控制的轨迹跟踪算法中的参数 q_1 和 q_2 分别设为 2 和 3。

轨迹生成的计算时间与算法设置(即仿真步长和收敛标准)、硬件平台两方面有关,式(4-37)所示的最小化问题的收敛标准设置为 0.001s,仿真硬件平台为主频 4.0GHz 的四核工作站,内存为 16GB。上述条件下生成一条符合时间、角度、过载多约束的二维飞行轨迹约需 20ms。本章仿真中仅在导弹发射前进行单次轨迹规

划,而在实际运用中,可根据实时制导信息不断更新飞行轨迹来更好地应对各种干扰。

4.6.2　案例 1:定常速度下的单枚导弹制导

导弹的飞行速度设置为常值 300m/s,发射角度 $\theta_0 = 60°$,期望的终端角度 $\theta_f = -65°$,导弹发射时间为 0s,采用算法 4.2 计算所得的可行到达时间范围为 [48.27s, 63.21s],期望的到达时间设为 $t_f = 50s$。

案例 1 的仿真结果如图 4.10 所示,其中图 4.10(a)展示了导弹 1 和导弹 2 的飞行轨迹,图中轨迹表明两枚导弹均成功到达了指定目标;由图 4.10(b)所示的弹目相对距离变化曲线可知,导弹 2 的实际到达时间 $t = 50.51s$,比期望的时间稍晚,这个结果证实了文献[9]估计剩余飞行时间 t_{go} 时所采用的线性化估计方法是不够准确的,较大的终端角度会增大估计误差,这和另一篇文献[29]中的实验对比结果

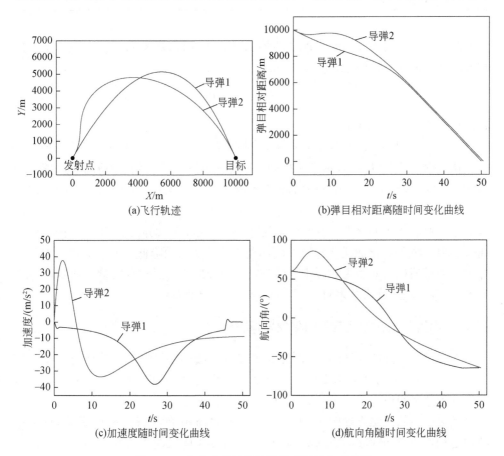

图 4.10　定常速度下的单枚导弹制导仿真结果

相符,相比之下导弹1准确地在 $t=49.99$s 到达了目标,这是因为本章提出的制导方法是通过协调轨迹长度实现飞行时间协同收敛的,具有优异的时间协同性能;图 4.10(c)展示了飞行过程中导弹的加速度曲线,其中导弹1在 $t=45.3$s 的阶跃对应着本章所提制导律的轨迹切换过程;图 4.10(d)展示了飞行航向角的变化曲线,表明在终端时刻导弹1和导弹2均实现了期望的终端角度(表 4.1)。

表 4.1　定常速度下导弹到达时间和角度对比

对比项	导弹 1	导弹 2
期望到达时间/s	50	50
实际到达时间/s	49.99	50.51
期望终端角度/(°)	−65	−65
实际终端角度/(°)	−65.00	−64.92

为了从能量需求的角度来评估两种制导方法,引入定义为加速度指令平方的积分的能量消耗代价函数,即

$$J=\frac{1}{2}\int_0^{t_f} u^2(t)\,\mathrm{d}t \tag{4-54}$$

则两种方法的能量消耗结果为

$$J_{本章方法}=7442.4\mathrm{m}^2/\mathrm{s}^3,\quad J_{文献[9]方法}=11050.1\mathrm{m}^2/\mathrm{s}^3 \tag{4-55}$$

从式(4-55)可以得出,本章所提制导律比文献[9]中的制导律所需控制能量减少 32.65%。同时,图 4.10(a)中的轨迹形状和图 4.10(b)中的弹目相对距离曲线表明,为了满足到达时间和终端角度的约束,导弹2在飞行过程中存在 S 形轨迹,这会导致控制能量的增大以及实际运用中导弹终端速度的降低,相比之下,导弹1通过光滑二阶 Bezier 曲线实现对时间和角度的控制从而降低了能量消耗。两类制导方法能量消耗的差距主要源于导弹1在发射前对飞行过程有完整的规划,导弹2则没有,以上轨迹分析结果对应了式(4-55)中的能量差异。

4.6.3　案例 2:非定常速度下的单枚导弹制导

本案例中导弹的速度随时间变化,如式(4-1)所示,除此以外其他仿真条件均与案例1相同,采用算法 4.2 计算得到的可行到达时间范围为 [26.54s,31.17s],期望的到达时间设为 $t_f=30$s,仿真结果如图 4.11 所示。

案例2的仿真结果如图 4.11 所示。图 4.11(a)中的飞行轨迹和图 4.11(b)中的弹目相对距离曲线表明,导弹1和导弹2均成功地以期望的角度到达了给定目标,到达时间分别为 $t=30.11$s 和 $t=36.43$s。非定常速度对本章所提制导方法的

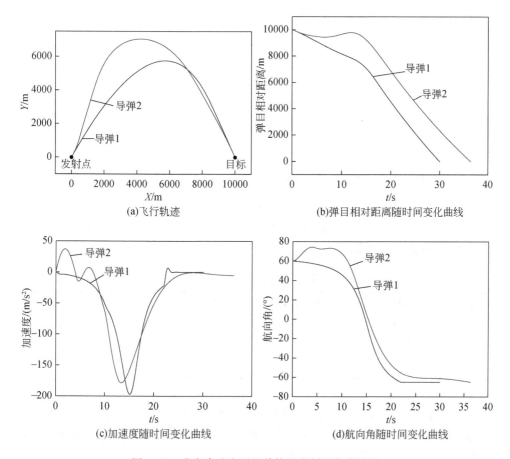

图 4.11 非定常速度下的单枚导弹制导仿真结果

性能几乎没有影响,这是因为非定常速度导弹在给定时间内的飞行距离是已知的,本章制导方法能准确控制轨迹长度,使其与导弹飞行时间匹配,实现了优异的时间协同收敛性。相比之下,文献[9]的制导律采用的线性化估计方法仅根据当前速度计算剩余飞行时间,受非定常速度影响产生了较大波动,导致其时间控制性能大大降低。图 4.11(c)为两枚导弹飞行过程的加速度曲线,两条曲线的对比表明本章制导方法的加速度指令更稳定,而文献[9]制导律生成的制导指令存在振荡。图 4.11(d)为飞行过程的航向角变化曲线,图中曲线表明两枚导弹都实现了既定的终端角度约束(表 4.2)。

表 4.2　非定常速度下导弹到达时间和角度对比

对比项	导弹 1	导弹 2
期望到达时间/s	30	30
实际到达时间/s	30.11	36.43
期望终端角度/(°)	−65	−65
实际终端角度/(°)	−65.01	−64.97

4.6.4　案例 3:非定常速度下的多弹协同编队

本节通过仿真,验证了算法 4.4 和算法 4.5 所述制导方法在多弹协同场景中的有效性。有 I_1、I_2 和 I_3 共 3 枚导弹,使用本章提出的两种制导方法,从两个不同地点发射,发射时间 t 分别为 0s、1s 和 3s,三枚导弹的初始条件如表 4.3 所示。

表 4.3　多弹协同的初始条件(地理坐标系)

导弹	发射位置/m	初始航向角/(°)	期望终端角/(°)	目标位置/m
I_1	(0,0)	45	−45	(10000,0)
I_2	(0,0)	45	−45	(10000,0)
I_3	(4000,−7000)	90	0	(10000,0)

需要注意的是,表 4.3 中的初始条件是在地理坐标系中定义的,而本章所提制导方法基于各个导弹初始发射位置的当地坐标系,所以表 4.3 中的初始条件需要根据式(4-53)换算到当地坐标系中,如表 4.4 所示。

表 4.4　多弹协同的初始条件(当地坐标系)

导弹	发射位置/m	初始航向角/(°)	期望终端角/(°)	目标位置/m
I_1	(0,0)	45	−45	(10000,0)
I_2	(0,0)	45	−45	(10000,0)
I_3	(0,0)	40.60	−49.40	(9219.5,0)

由于 I_1 和 I_2 是从地理坐标系的原点顺序发射的,所以采用算法 4.4 来计算其到达时间范围和制导指令;I_3 从另一不同位置发射,所以采用算法 4.5 来计算其到达时间范围和制导指令。所得的三枚导弹的可行到达时间范围如表 4.5 所示,期望的到达时间设为 $t_f=22s$。

表 4.5　案例 3 中导弹的可行到达时间

导弹	t_{fmin}/s	t_{fmax}/s
I_1	20.18	22.82
I_2	21.18	23.82
I_3	21.46	23.53
交集	21.46	22.82

案例 3 的两种制导方法的仿真结果如图 4.12 所示,其中图 4.12(a)展示了三枚导弹的飞行轨迹,轨迹表明所有导弹均成功到达了给定目标,同较早发射的 I_1 相比,I_2 通过"抄近道"式的飞行路径补偿了与 I_1 的发射时间间隔;图 4.12(b)展示了弹目相对距离的变化过程,图中曲线表明 I_1、I_2 和 I_3 的到达时间分别为 $t = 22.07\text{s}$、22.05s 和 22.04s,本章制导方法根据不同飞行时间制定了对应长度的飞行轨迹,

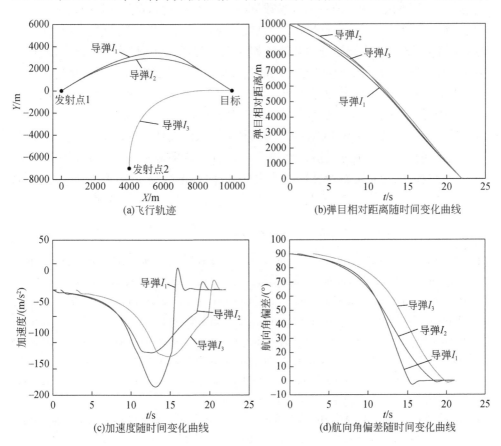

图 4.12　案例 3 仿真结果

实现了优异的时间协同收敛性能;图4.12(c)展示了导弹的加速度变化过程;图4.12(d)为航向角偏差随时间变化的曲线,图中曲线表明导弹航向角偏差在飞行过程中单调减小,所有导弹均实现了期望的终端角度。仿真结果验证了本章所提制导方法均能在非定常速度下实现对弹群飞行时间和角度的控制,适用于弹群中制导编队。

4.7　小　　结

本章提出了一种基于二阶Bezier曲线的二段式制导方法控制导弹飞行的终端角度和到达时间,在运动模型中涉及发动机的推力和气动阻力。

与基于时域控制的隐式飞行轨迹制导律不同,本章引入Bezier曲线来设计明确满足攻击时间和角度约束的轨迹。轨迹由初始阶段和最终阶段组成,第一阶段轨迹为LASC曲线,通过改变曲线参数可以调整曲线形状,确保两段轨迹相切于切换点,实现平滑过渡;第二阶段轨迹为直线轨迹,通过调节直线斜率实现终端角度约束。此外,通过沿直线轨迹调节轨迹切换点的位置,能够调整轨迹长度,实现期望的飞行时间。为了保证导弹在有限的过载能力下沿既定轨迹飞行,轨迹设计中充分考虑了轨迹曲率约束,而该约束又进一步限制了轨迹切换点的调节范围。以此为基础,使用数值方法获取可行的飞行时间范围,增强了到达时间的可控性。最后介绍了基于逆动力学和LQR控制的两种方法跟踪设计的飞行轨迹,使导弹在自动驾驶仪时延等因素下能沿既定轨迹飞行。仿真结果显示,传统ITACG制导律的时间控制性能受非定常速度影响大大降低,而本章所提ITACG制导方法克服了对剩余飞行时间的依赖,实现了对时变速度飞行器攻击时间和角度的精确控制。

参 考 文 献

[1] Kim M, Grider K V. Terminal guidance for impact attitude angle constrained flight trajectories. IEEE Transactions on Aerospace and Electronic Systems,1973(6):852-859.

[2] Ryoo C K, Cho H, Tahk M J. Optimal guidance laws with terminal impact angle constraint. Journal of Guidance, Control, and Dynamics,2005,28(4):724-732.

[3] Ratnoo A, Ghose D. Impact angle constrained guidance against nonstationary nonmaneuvering targets. Journal of Guidance, Control, and Dynamics,2010,33(1):269-275.

[4] Song K R, Jeon I S. Impact-angle-control guidance law with terminal constraints on curvature of trajectory. Mathematics,2023,11(4):974.

[5] Jeon I S, Lee J I, Tahk M J. Impact-time-control guidance law for anti-ship missiles. IEEE Transactions on Control Systems Technology,2006,14(2):260-266.

[6] Cho D, Kim H J, Tahk M J. Nonsingular sliding mode guidance for impact time control.

Journal of Guidance, Control, and Dynamics, 2016, 39(1): 61-68.

[7] Tekin R, Erer K S, Holzapfel F. Polynomial shaping of the look angle for impact- time control. Journal of Guidance, Control, and Dynamics, 2017, 40(10): 2668-2673.

[8] Shi H, Chen Z, Zhu J, et al. Model predictive guidance for active aircraft protection from a homing missile. IET Control Theory & Applications, 2022, 16(2): 208-218.

[9] Lee J I, Jeon I S, Tahk M J. Guidance law to control impact time and angle. IEEE Transactions on Aerospace and Electronic Systems, 2007, 43(1): 301-310.

[10] Zhang Z, Ma K, Zhang G, et al. Virtual target approach- based optimal guidance law with both impact time and terminal angle constraints. Nonlinear Dynamics, 2022, 107(4): 3521-3541.

[11] Deng Y, Ren J, Wang X, et al. Midcourse iterative guidance method for the impact time and angle control of two- pulse interceptors. Aerospace, 2022, 9(6): 323.

[12] Harl N, Balakrishnan S N. Impact time and angle guidance with sliding mode control. IEEE Transactions on Control Systems Technology, 2011, 20(6): 1436-1449.

[13] Hou Z, Yang Y, Liu L, et al. Terminal sliding mode control based impact time and angle constrained guidance. Aerospace Science and Technology, 2019, 93: 105142.

[14] Zhang Y, Ma G, Liu A. Guidance law with impact time and impact angle constraints. Chinese Journal of Aeronautics, 2013, 26(4): 960-966.

[15] Chen Y, Wang J, Shan J, et al. Cooperative guidance for multiple powered missiles with con- strained impact and bounded speed. Journal of Guidance, Control, and Dynamics, 2021, 44(4): 825-841.

[16] Shanmugavel M, Tsourdos A, Zbikowski R, et al. Path planning of multiple UAVs using Dubins sets. AIAA Guidance, Navigation, and Control Conference and Exhibit, 2005: 5827.

[17] 张友安, 张友根, 李恒. 基于 CCC 路径规划的撞击时间与撞击角度控制. 第三十一届中国控制会议, 合肥, 2012: 4300-4305.

[18] Shinar J, Davidovitz A. Two- target game model of an air combat with fire- and- forget all- aspect missiles. Journal of Optimization Theory and Applications, 1989, 63(2): 133-165.

[19] Alkaher D, Moshaiov A. Dynamic- escape- zone to avoid energy- bleeding coasting missile. Journal of Guidance, Control, and Dynamics, 2015, 38(10): 1908-1921.

[20] Marsh D. Applied Geometry for Computer Graphics and CAD. London: Springer, 1999.

[21] Sapidis N S, Frey W H. Controlling the curvature of a quadratic Bézier curve. Computer Aided Geometric Design, 1992, 9(2): 85-91.

[22] Abramson M A, Audet C. Convergence of mesh adaptive direct search to second- order stationary points. SIAM Journal on Optimization, 2006, 17(2): 606-619.

[23] Le Digabel S. NOMAD: Nonlinear optimization with the MADS algorithm. ACM Transactions on Mathematical Software(TOMS), 2011, 37(4): 1-15.

[24] Yu Y, Lyu Z, Xu Z, et al. On the influence of optimization algorithm and initial design on wing aerodynamic shape optimization. Aerospace Science and Technology, 2018, 75:

183-199.

[25] Torres R, Chaptal J, Bès C, et al. Optimal, environmentally friendly departure procedures for civil aircraft. Journal of Aircraft, 2011, 48(1): 11-22.

[26] Yakimenko O A. Direct method for rapid prototyping of near-optimal aircraft trajectories. Journal of Guidance, Control, and Dynamics, 2000, 23(5): 865-875.

[27] Ratnoo A, Sujit P B, Kothari M. Adaptive optimal path following for high wind flights. IFAC Proceedings Volumes, 2011, 44(1): 12985-12990.

[28] Kukreti S, Kumar M, Cohen K. Genetically tuned LQR based path following for UAVs under wind disturbance. International Conference on Unmanned Aircraft Systems, Arlington, 2016: 267-274.

[29] Chen X, Wang J. Optimal control based guidance law to control both impact time and impact angle. Aerospace Science and Technology, 2019, 84: 454-463.

第5章　基于计算几何的多约束中制导编队

5.1　概　　述

近些年,随着导弹防御手段的不断升级以及目标智能化、强机动的发展趋势,传统的单发导弹在对敌机动目标进行打击时效果不佳的问题愈发明显。多弹协同制导通过弹间通信、信息共享、相互配合,能够极大地提高我方导弹的突防概率以及对目标的毁伤效果[1]。

制导律通常旨在生成控制命令以改变飞行轨迹,从而使制导飞行器和目标之间的距离减小到零。除了零脱靶距离外,终端时间和角度也是追逃问题的重要约束,为提高多弹的协同打击能力和突防能力,除了最小化脱靶量之外,还应充分考虑导弹的攻击角度和攻击时间约束问题。因此,带攻击角度以及攻击时间约束的多弹协同制导问题的研究具有重要意义,受到研究者更多的关注。例如,为了增加导弹的弹头效应或满足无人机飞行路径的航路点约束,通常会施加终端角度约束;为了实现导弹对近程武器系统(close-in weapon system,CIWS)等先进防御系统的齐射攻击,通常采用到达时间约束。此外,在某些情况下,更是需要同时满足时间、角度和过载三个约束,如反舰或反坦克导弹的齐射攻击或无人机的编队飞行。

早期的协同制导策略需要提前给每发导弹设定协同攻击时间,导弹在飞行过程中无信息交流,本质上属于单发导弹的制导问题,相关制导方法的研究目前较为成熟,如基于最优控制(optimal control)、偏置比例导引(proportional navigation with bias)、分段式导引(segmented guidance)等理论的时间协同制导律。虽然上述制导方法可以在某些作战场景中实现对目标的同时攻击,但其最大的弊端在于多导弹发射前需要提前给每发导弹设定攻击时间,导弹在作战过程中无法自主协同,不能实现真正意义上的协同制导。此外,上述制导系统本质上是关于攻击时间的开环系统,对外部干扰高度敏感。因此,这类时间协同制导策略往往只适用于对固定目标或者慢速移动目标的协同打击,当应用对象为机动目标时,制导性能则会大大降低,应用场景比较少。

协同拦截作战涉及多个领域的技术,包含协同探测[2]、编队飞行控制[3]、协同制导[4]、多传感器信息融合[5]等多项关键技术。为实现更好的协同飞行效果,考虑弹间信息交互的协同制导策略近些年逐渐成为研究热点。该类协同制导方法不需要预先设定攻击时间,可以通过各导弹之间的信息交互,自主调节各导弹剩余时间的快速一致收敛,从而实现多导弹的协同攻击。根据通信拓扑结构和导弹配置的差异,该类协同制导方法主要分为分布式和集中式协同制导。

在分布式协同制导策略中,所有导弹的角色和配置都相同,按照设定的制导协议对目标进行自主的协同攻击。分布式协同制导策略因其鲁棒性强、对通信网络要求低等优点,受到国内外学者广泛关注。许多协同制导研究方法如滑模控制[6]、多智能体一致性[7,8]等逐步被应用于针对机动目标带攻击角度约束的协同攻击场景中,并取得了良好的协同攻击效果。

在集中式协同制导[9-15]策略中,领弹和从弹的角色和配置都不相同,领弹配有高性能探测和攻击设备,在协同制导过程中不受从弹约束;从弹一般性能较低,无须对目标进行精准探测,在领弹的带领下对目标进行协同攻击。相比分布式协同制导方法,集中式协同制导策略在某些作战场景中有其特有的优点,如能够有效节省协同攻击成本、合理配置资源、降低领弹的暴露概率等。随着导弹技术向智能化方向发展,该协同制导策略更加适用于未来更有发展前景的异类多导弹协同作战[10]。

然而,上述有关协同制导问题的研究很多都是基于二维制导模型,即将三维运动解耦为两个相互正交的二维平面,但解耦过程会导致部分制导信息丢失,并对终端制导精度产生不利影响[11,12]。在实际作战场景中,导弹都是在三维空间中执行协同打击任务,而且三维空间中导弹与目标各通道间的关系是强耦合的,因此现有的协同制导律在实际作战场景中的适用性将会降低,为了使交战接近现实,有必要在不解耦交战动态的情况下制定三维时间和角度约束制导律[13](3- dimensional impact angle control guidance,3D ITACG)。

从基本的几何角度来看,飞行时间是轨迹长度和速度的商,如果给出明确的显式轨迹,则容易计算得出剩余飞行时间,因此计算几何为设计 3D ITACG 定律提供了一种新的视角和方法。为了在三维空间中实现中制导编队飞行,本章在三维运动学下设计了一种基于计算几何的 ITACG 制导律。首先引入 Frenet 标架,用曲率、挠率描述三维飞行轨迹的几何特征,然后根据终端角度、飞行时间约束构造三维中制导问题的数学模型,分析飞行轨迹的设计需求,采用 LASC 曲线设计一种二段式飞行轨迹:第一阶段轨迹为 LASC 曲线,用于调节到达时间;第二阶段轨迹为直线,用于实现终端角度约束。两阶段轨迹的平滑过渡通过调节 LASC 曲线端点的切向量实现,飞行时间控制通过调节轨迹切换点实现,该点调节范围受轨迹最大曲率和轨迹可生成性的约束,进而导致飞行时间的可调范围受限。此外,本章采用 Lookahead 算法生成制导指令跟踪既定三维轨迹,使导弹能在飞行控制系统时间常数非零等条件下沿既定轨迹飞行。仿真结果显示,本章所提制导方法能在三维空间中控制导弹飞行的终端角度和到达时间,实现同地或异地发射场景下的多弹协同编队。

本章结构安排如下:5.2 节介绍微分几何相关的背景知识,包括 Frenet 标架和优美对数空间曲线;5.3 节构造三维中制导编队问题的数学模型;5.4 节采用LASC 曲线设计飞行轨迹,分析轨迹的曲率和长度,并给出基于 Lookahead 算法的制导方法;5.5 节给出 5.4 节制导方法在多种场景中的运用方法并对所提出的制导方法进行数值仿真验证;5.6 节对本章进行总结。

5.2　预 备 知 识

5.2.1　Frenet 标架

计算几何、微分几何通过挠率和曲率描述空间曲线特征,在计算图形学、机械系统动力学分析等许多领域得到了成功运用,并且在制导律设计领域具有很大的应用潜力。与当前主流的基于控制理论或偏置比例导引(biased propontional navigetion guidance,BPNG)的制导律设计不同,计算几何提供了一种不同的方法来开发制导策略。微分几何理论主要通过微积分来量化分析曲线与其局部切线的偏离程度,其中 Frenet 标架是经典微分几何研究曲线几何性质的一种重要工具,其运动方程即 Frenet 公式蕴含了曲线最重要的三个几何量:弧长、曲率和挠率。

设质点的非定常速度向量为 $v(t)$、非定常速度向量的幅值为 $v(t)$、轨迹的单位切向量为 $T(t)$,则 $v(t)=v(t)T(t)$;质点的法向量 $k(t)$ 通过对 $v(t)$ 微分获取,即 $k(t)=\kappa(t)N(t)$,其中 $\kappa(t)$ 为曲率、$N(t)$ 为单位法向量;质点的副法向量为 $b(t)=\tau(t)B(t)$,其中 $\tau(t)$ 为挠率、$B(t)=T(t)\times N(t)$。曲率 κ 用来衡量一条曲线与直线的偏离程度,挠率 $\tau(t)$ 用来衡量曲线偏离由切向量和法向量组成平面的程度,对于平面曲线来说,挠率 $\tau(t)=0$。将时间参数 t 替换为曲线长度 $s=\int_0^t v(t)\mathrm{d}t$,则Frenet 标架[14]可以表示为

$$
\begin{bmatrix} \dfrac{\mathrm{d}T(s)}{\mathrm{d}s} \\[2mm] \dfrac{\mathrm{d}N(s)}{\mathrm{d}s} \\[2mm] \dfrac{\mathrm{d}B(s)}{\mathrm{d}s} \end{bmatrix} = \begin{bmatrix} 0 & \kappa(s) & 0 \\ -\kappa(s) & 0 & \tau(s) \\ 0 & -\tau(s) & 0 \end{bmatrix} \begin{bmatrix} T(s) \\ N(s) \\ B(s) \end{bmatrix} \tag{5-1}
$$

5.2.2　优美对数空间曲线

优美对数空间曲线(log-aesthetic space curve,LASC)是基于曲线和曲面生成

的,它利用局部适应性来创建平滑的曲线,其形状能够适应特定的曲线路径。LASC 曲线已经成功运用于多个领域,如计算图形学[15]和建筑设计[16],LASC 曲线的关键特征在于其线性的对数曲率图(logarithmic curvature graph,LCG)和对数挠率图(logarithmic torsion graph,LTG)[17],LCG 和 LTG 的表达式如下:

$$\ln\left(\rho\frac{\mathrm{d}s}{\mathrm{d}\rho}\right)=\alpha\log\rho+c \qquad (5\text{-}2)$$

$$\ln\left(\mu\frac{\mathrm{d}s}{\mathrm{d}\mu}\right)=\beta\log\mu+d \qquad (5\text{-}3)$$

其中,s 为曲线长度;ρ 为曲率半径;μ 为挠率半径;α 为 LCG 中的线段斜率;β 为 LTG 中的线段斜率;c 和 d 均为常数,取值为 $c=-\ln\Lambda$,$d=-\ln\Omega$,其中 Λ 和 Ω 分别为 LCG 和 LTG 的 Y 轴截距。当 $\Lambda=\Omega=0$ 时,LASC 曲线变成螺旋曲线,所以螺旋曲线是 LASC 曲线的一个特例。将式(5-2)和式(5-3)转换为文献[17]中的标准形式,可得

$$\rho=\begin{cases}\mathrm{e}^{\Lambda s}, & \alpha=0\\(\Lambda\alpha s+1)^{\frac{1}{\alpha}}, & 其他\end{cases} \qquad (5\text{-}4)$$

$$\mu=\begin{cases}\mathrm{e}^{(\Omega s+\ln\upsilon)}, & \beta=0\\(\Omega\beta s+\upsilon^{\beta})^{\frac{1}{\beta}}, & 其他\end{cases} \qquad (5\text{-}5)$$

标准形式下的典型 LASC 曲线如图 5.1 所示。在标准形式中,曲线的起点位于坐标系原点,曲线起点处的单位切向量与单位法向量分别为(1,0,0)和(0,1,0),曲线起点处的曲率半径和挠率半径长度分别为 1 和 υ。从式(5-4)和式(5-5)可以得出,LASC 曲线的曲率半径和挠率半径随曲线长度单调变化,通过对 Frenet 标架以及式(5-4)和式(5-5)积分可计算得到 LASC 曲线,积分的初始条件如下:

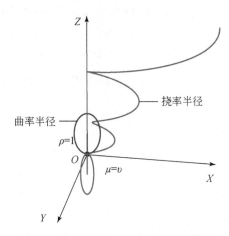

图 5.1　标准形式下的典型 LASC 曲线

$$x(0)=x_0,\ T(0)=\boldsymbol{T}_0,\ N(0)=\boldsymbol{N}_0,\ B(s)=\boldsymbol{T}_0\times\boldsymbol{N}_0 \qquad (5\text{-}6)$$

其中, x_0 、 $\boldsymbol{T}_0$ 和 $\boldsymbol{N}_0$ 分别为曲线长度 $s=0$ 时的初始位置、初始切向量和初始法向量。

5.3　攻击时间与攻击角度约束分析

三维空间下导弹 M 与目标 T 的制导情形如图 5.2 所示。在反坦克、反舰等典型场景中,由于导弹的速度较快,目标的速度相比之下可以忽略不计,即假设目标处于静止状态,在制导过程中导弹 M 有终端角度和到达时间的约束。导弹与目标均假设为质点,在坐标系 $O\text{-}XYZ$ 中二者的位置坐标分别为 (x_m, y_m, z_m) 和 (x_t, y_t, z_t) ,导弹速度为 V ,最大加速度为 $a_{\max}$, R 为弹目相对距离, v_{m0} 为导弹的初始速度向量, θ_{m0} 和 ψ_{m0} 分别为初始俯仰角和偏航角,期望的终端角度记为 θ_{mf} 和 ψ_{mf} ,下标 0 和 f 分别表示初始时刻和终端时刻,角度正方向的定义如图 5.2 中描述角度的箭头所示(逆时针为角度正方向)。

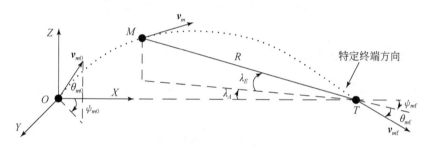

图 5.2　三维空间下导弹 M 与目标 T 的制导情形

本章后续运动方程的推导中采用如下通用假设[16,18,19]:①理想空气动力(无阻力);②加速度方向始终垂直于速度向量;③飞行过程中攻角较小;④不计重力影响。此外,由于导弹自身动力学特性相比于导弹飞行控制系统的动力学特性慢得多,所以在制导律设计过程中忽略飞行控制系统时间常数。

在小攻角假设下,导弹的速度坐标系与弹载坐标系几乎重合,因此导弹在惯性坐标系下的运动方程为

$$
\begin{aligned}
\dot{x}_m &= V\cos\theta_m\cos\psi_m \\
\dot{y}_m &= V\cos\theta_m\sin\psi_m \\
\dot{z}_m &= V\sin\theta_m \\
\dot{\theta}_m &= \frac{a_{zm}}{V} \\
\dot{\psi}_m &= \frac{a_{ym}}{V\cos\theta_m}
\end{aligned}
\tag{5-7}
$$

制导律设计的目的是生成加速度指令,使得

$$\lim_{t \to t_\mathrm{f}} x_m \to x_t, \quad \lim_{t \to t_\mathrm{f}} y_m \to y_t, \quad \lim_{t \to t_\mathrm{f}} z_m \to z_t \tag{5-8}$$

$$\lim_{t \to t_\mathrm{f}} \theta_m \to \theta_{m\mathrm{f}}, \quad \lim_{t \to t_\mathrm{f}} \psi_m \to \psi_{m\mathrm{f}} \tag{5-9}$$

由于过载限制,飞行过程中的俯仰加速度 a_{zm} 和偏航加速度 a_{ym} 受式(5-10)约束,即

$$\sqrt{a_{zm}^{\,2}(t) + a_{ym}^{\,2}(t)} \leqslant a_{\max} \tag{5-10}$$

为简化推导过程,导弹的发射位置设置于惯性坐标系原点,记为 $O(0,0,0)$,目标置于惯性坐标系 X 轴,记为 $T(x_t,0,0)$,需要注意的是,导弹在多弹齐射场景中是从不同的位置发射。每个导弹的当地坐标系定义如下:当地坐标系原点为导弹发射点,当地坐标系 X 轴连接坐标系原点和目标位置。

5.4　轨迹生成及制导律设计

5.4.1　轨迹设计需求分析

导弹的初始发射角度为 (θ_{m0}, ψ_{m0}),飞行终端时刻期望的角度为 $(\theta_{m\mathrm{f}}, \psi_{m\mathrm{f}})$,该变换过程可表示为

$$
\begin{aligned}
\theta_{m\mathrm{f}} - \theta_{m0} &= \int_0^{t_\mathrm{f}} \dot{\theta}_m(t)\,\mathrm{d}t \\
\psi_{m\mathrm{f}} - \psi_{m0} &= \int_0^{t_\mathrm{f}} \dot{\psi}_m(t)\,\mathrm{d}t
\end{aligned}
\tag{5-11}
$$

在上述变换过程中,飞行轨迹应为一阶连续的光滑曲线,否则制导律会在不光滑处产生无穷大的过载指令,影响制导性能[20]。同时,导弹在整个飞行过程中需要考虑轨迹的最大曲率,要求导弹能在有限的过载能力下沿轨迹飞行,即式(5-10)在整个飞行时间段 $[t_0, t_\mathrm{f}]$ 内均成立[21]。

避免出现 S 形飞行轨迹对导弹沿设计轨迹飞行的性能提升十分重要,这有利于增加导弹的终端速度,并在实际运用中提高制导性能。此外,如果轨迹曲率单调,那么可以降低计算量,加快轨迹规划的速度,有利于实现弹载系统的实时运用。

在导弹即将与目标交会的时刻,导弹的末段飞行轨迹可以看作一条直线,称为碰撞轨迹,若碰撞轨迹与目标形成的角度与期望终端角度 $(\theta_{m\mathrm{f}}, \psi_{m\mathrm{f}})$ 一致,则可实现终端角度约束。为实现初段和末段轨迹的平滑过渡,两条轨迹需相切于切换点,同时初段轨迹还需与导弹的初始速度向量相切于发射点,导弹初始速度向量所在直线称为起始线。期望的二段式三维飞行轨迹如图 5.3 所示。

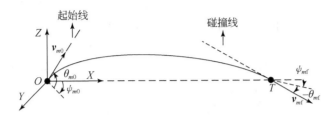

图 5.3 期望的二段式三维飞行轨迹

记终端角度方向向量为 (d_{xf}, d_{yf}, d_{zf}),其中

$$\begin{cases} d_{xf} = \cos\theta_{mf} \cos\psi_{mf} \\ d_{yf} = \cos\theta_{mf} \sin\psi_{mf} \\ d_{zf} = \sin\theta_{mf} \end{cases} \tag{5-12}$$

碰撞轨迹具有与终端角度方向向量相同的斜率,并且经过目标点 T,可表示为

$$\frac{x - x_t}{d_{xf}} = \frac{y}{d_{yf}} = \frac{z}{d_{zf}} \tag{5-13}$$

类似地,起始轨迹具有与导弹初始速度向量相同的斜率,并且经过发射点 O,可表示为

$$\frac{x}{d_{x0}} = \frac{y}{d_{y0}} = \frac{z}{d_{z0}} \tag{5-14}$$

其中,$d_{x0} = \cos\theta_{m0} \cos\psi_{m0}$;$d_{y0} = \cos\theta_{m0} \sin\psi_{m0}$;$d_{z0} = \sin\theta_{m0}$。

5.4.2 轨迹生成

本节提出一种基于 LASC 曲线的轨迹生成方法,旨在满足 5.4.1 节特定轨迹设计要求。该方法的基本思路是:在给定飞行轨迹的两个端点以及端点处切向量的情况下,在标准形式下搜索求解满足特定需求的 LASC 曲线段;通过平移、旋转和缩放等几何变换将标准形式下的 LASC 曲线段转换为惯性坐标系下的飞行轨迹。这样可以有效地生成符合要求的飞行轨迹,并通过几何变换将其转换为惯性坐标系下的轨迹,以满足导弹飞行的设计要求。由式(5-4)和式(5-5)可知,LASC 曲线共有 5 个待定参数,分别为 α、β、Λ、Ω 和 υ,本章取 $\alpha = \beta = \Omega = 0$,因为调节 Λ 和 υ 已足够满足曲线端点的位置和切向约束条件[17]。

为辅助曲线参数的寻优过程,先将制导几何态势进行归一化处理,在归一化几何态势中各种关键特征均由单位向量表示,此外归一化的曲线能更方便地在后续处理中转化为标准形式。归一化的几何态势可通过一次缩放和一次旋转变换得到,并由 4 个特征点 P_0、P_1、P_2 和 P_3 表示。这样使得在寻找辅助曲线参数时更容易进行优化,同时使曲线处理更为简便,符合后续处需求。首先,进行

缩放变换,将几何态势缩小为 $x_t/2$,两个端点 O 和 T 的坐标变为 $P_0(0,0,0)$ 和 $P_3(2,0,0)$,取点 P_1 和 P_2 使得向量 $\boldsymbol{P_1P_0}$ 和 $\boldsymbol{P_3P_2}$ 等于初始速度单位向量 $\boldsymbol{v}_{m0}/|\boldsymbol{v}_{m0}|$ 和终端速度单位向量 $\boldsymbol{v}_{mf}/|\boldsymbol{v}_{mf}|$。然后,进行旋转变化,将 4 个特征点 P_0、P_1、P_2 和 P_3 绕 X 轴旋转,使得点 P_1 位于垂直平面内,记向量 $\boldsymbol{P_1P_0}$ 与 X 轴的夹角为 θ_0,取角 θ_1 和 θ_2 使得向量 $(-1,0,0)$ 绕 Y 轴旋转 θ_1 后再绕 X 轴旋转 θ_2 可得到向量 $\boldsymbol{P_3P_2}$。图 5.4 展示了归一化后几何态势的 4 个特征点 P_0、P_1、P_2、P_3 和 3 个特征角度 θ_0、θ_1、θ_2。

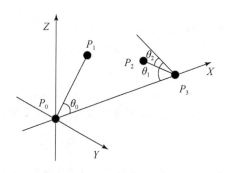

图 5.4　归一化形式下的 4 个特征点及 3 个特征角度

在归一化几何态势的基础上,分三步获取所需的曲线轨迹:

(1)生成满足轨迹端点切向约束的曲线段。

(2)通过缩放该曲线段实现端点的位置约束。

(3)将曲线段换算为惯性坐标系下的飞行轨迹。

第(1)步中,为获取标准形式中所需 LASC 曲线轨迹,归一化后的几何态势及特征点需要变换到标准形式中:将点 P_0、P_1、P_2 和 P_3 绕 Y 轴旋转使点 P_1 位于 $(1,0,0)$、点 P_3 位于 XZ 平面,然后将这些点绕 X 轴旋转 $180°$。标准形式下的特征点如图 5.4 所示,根据式(5-4)和式(5-5)可知曲率半径和挠率半径分别为 1 和 υ。综上,惯性坐标系中的点变换到标准形式下需要经过 1 次缩放和 3 次旋转,变换过程如下所示:

$$\boldsymbol{P}_S = \boldsymbol{R}_{X2}\boldsymbol{R}_Y\boldsymbol{R}_{X1}\boldsymbol{M}_S\boldsymbol{P}_I \tag{5-15}$$

$$\boldsymbol{M}_S = \begin{bmatrix} 2/x_t & 0 & 0 \\ 0 & 2/x_t & 0 \\ 0 & 0 & 2/x_t \end{bmatrix}, \quad \boldsymbol{R}_{X1} = \begin{bmatrix} 1 & 0 & 0 \\ 0 & \cos\vartheta & -\sin\vartheta \\ 0 & \sin\vartheta & \cos\vartheta \end{bmatrix}$$

$$\boldsymbol{R}_Y = \begin{bmatrix} \cos\theta_0 & 0 & \sin\theta_0 \\ 0 & 1 & 0 \\ -\sin\theta_0 & 0 & \cos\theta_0 \end{bmatrix}, \quad \boldsymbol{R}_{X2} = \begin{bmatrix} 1 & 0 & 0 \\ 0 & -1 & 0 \\ 0 & 0 & -1 \end{bmatrix} \tag{5-16}$$

其中，$\boldsymbol{P}_I$ 和 $\boldsymbol{P}_S$ 为惯性坐标系和标准形式下的坐标；$\boldsymbol{M}_S$ 为缩放比例 $2/x_t$ 的变换矩阵；ϑ 为使得点 $\boldsymbol{P}_1$ 绕 X 轴旋转到 XZ 平面的角度；$\boldsymbol{R}_{X1}$、$\boldsymbol{R}_Y$、$\boldsymbol{R}_{X2}$ 分别为绕 X 轴旋转 ϑ、绕 Y 轴旋转 θ_0 和绕 X 轴旋转 π 的旋转变换矩阵；将坐标从惯性坐标系换算到归一化形式的变换过程是式(5-15)的一部分，即 $\boldsymbol{R}_{X1}\boldsymbol{M}_S\boldsymbol{P}_I$。

标准形式下的 LASC 曲线以 P_0 为起点($s=0$)、以 P_e 为终点($s=s_e$，s_e 为曲线段长度)，起点处切向量为 $\boldsymbol{P}_0\boldsymbol{P}_1$，曲线段的长度 s_e 也是一个待定参数，过点 P_0 和 P_3 作一条射线，并将该射线绕 X 轴旋转一周可得到一个圆锥面，如图 5.5 所示，曲线段的终点 P_e 取为 LASC 曲线与圆锥面的交点，通过联立式(5-1)、式(5-4)、式(5-5)和圆锥方程(5-17)并求解，可得到点 P_e 的坐标和曲线段长度 s_e。

$$\frac{y^2}{P_{3,z}^2} + \frac{z^2}{P_{3,z}^2} = \frac{x^2}{P_{3,x}^2} \tag{5-17}$$

其中，$(P_{3,x}, P_{3,y}, P_{3,z})$ 为点 P_3 的坐标。

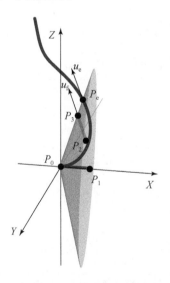

图 5.5　标准形式下的 LASC 曲线及圆锥

再将曲线绕 X 轴旋转使得点 P_e 位于 XZ 平面内，曲线在点 P_e 处的单位切向量记为 $\boldsymbol{u}_e$，曲线在点 P_e 处的期望单位切向量为 $(\boldsymbol{P}_3-\boldsymbol{P}_2)/|\boldsymbol{P}_3-\boldsymbol{P}_2|$，记为 u_f，轨迹生成步骤(1)旨在选取合适的曲线参数 Λ、υ 使得 $u_e = u_f$，这个步骤可转化为如下的最优化问题：

$$\min\ f(\Lambda, \upsilon) = \left| \arccos\left(\frac{\boldsymbol{u}_e \cdot \boldsymbol{u}_f}{|\boldsymbol{u}_e| \cdot |\boldsymbol{u}_f|} \right) \right| \tag{5-18}$$

需要注意的是，参数 Λ、υ 在寻优过程中均保持正值。为求解上述带约束的非线性优化问题，本章采取一种基于多起点优化技术[22]的改进型单纯形法[17,23]，该优化方法通过生成多个起始寻优点帮助避免优化过程陷入局部最优。此外,如果在归一化的几何关系中角 $\theta_0 \geqslant \theta_1$ 不成立,则曲线两端点的坐标和切向量需要对调,因为当 $\theta_0 < \theta_1$ 时,很难生成标准形式下的 LASC 曲线[17]。式(5-19)概括了轨迹生成步骤(1)的计算过程,即在给定初始条件下求解满足端点切向约束的 LASC 曲线段为

$$s_e = f(x_t, v_{m0}, v_{mf}) \tag{5-19}$$

轨迹生成步骤(2)在步骤(1)的基础上,进一步满足端点的位置约束。由于步骤(1)中的 LASC 曲线是在标准形式下求得的,根据标准形式的定义,曲线的起点位于坐标系原点,所以曲线的起始端点位置约束已经满足,只需通过相似变换使得点 P_e 和 P_3 重合来实现终端端点的位置约束。将曲线按比例 $|P_0P_3|/|P_0P_e|$ 进行缩放,如图 5.6 所示。飞行时间可根据下式计算:

$$t_f = \frac{x_t s_e}{2V} \frac{|P_0P_3|}{|P_0P_e|} \tag{5-20}$$

式中, $x_t/2$ 为将曲线从归一化形式转换到惯性坐标系中的比例因子。

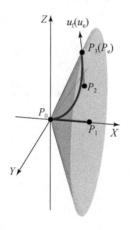

图 5.6　满足切向约束和位置约束的 LASC 曲线

在轨迹生成步骤(3)中,所获得的 LASC 曲线通过式(5-15)和式(5-16)的逆变换换算为惯性坐标系下的轨迹。经历以上三个步骤生成的可能 LASC 曲线如图 5.7 所示。该情形下的 LASC 曲线起点到终点过渡过程中的切向量的角度变化量超过 2π,这种轨迹在实际应用中会过度消耗导弹的速度和能量,应予以避免,因此在寻优过程中若切向量沿曲线的变化角度超过 2π,则将目标函数设置为一个较大值作为惩罚。

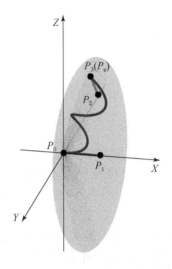

图 5.7　需排除的 LASC 曲线轨迹

综上,满足终端角度约束的飞行轨迹生成过程见算法 5.1。

算法 5.1　满足终端角度约束的飞行轨迹生成算法

1. 根据初始情况和终端角度约束,用式(5-15)和式(5-16)计算标准形式下 LASC 曲线的 4 个特征点
2. 根据目标函数式(5-18),使用改进单纯形法选取所需曲线参数 Λ 和 υ
3. 根据给定曲线参数 Λ 和 υ,通过对式(5-4)和式(5-5)积分得到 LASC 曲线
4. 计算 LASC 曲线与特征圆锥[式(5-17)]的交点 P_e 及对应的单位切向量 u_e
5. 计算单位切向量 u_e 与期望单位切向量 u_f 的差异
6. 重复(1)~(3)直至两者差异小于设定阈值
7. 将所得曲线通过式(5-15)和式(5-16)的逆变换换算成惯性坐标系下的飞行轨迹

5.4.3　轨迹曲率分析

5.4.2 节所述轨迹生成过程是基于标准形式的,与惯性坐标系下的实际飞行轨迹相比有一个缩放比例,所以二者曲率之间也存在一个比例关系,即

$$\kappa(s) = \frac{2}{x_t}\kappa_0(s) \tag{5-21}$$

其中,$\kappa(s)$ 和 $\kappa_0(s)$ 分别为惯性坐标系和标准形式下的曲率;$2/x_t$ 为二者之间的比例因子。由于导弹飞行过程受其最大加速度能力限制,所以轨迹曲率受式(5-21)限制,即

$$V^2|\kappa(s)|_{max} \leqslant a_{max} \tag{5-22}$$

其中,$|\kappa(s)|_{max}$ 为轨迹曲线曲率的最大绝对值。若轨迹生成过程中两个端点没有

对调过,则根据式(5-4)可得曲线轨迹的曲率$|\kappa(s)|$是单调递减的;若曲线两个端点对调过,则轨迹曲率$|\kappa(s)|$是单调递增的。因为轨迹曲率总是单调变化的,所以$|\kappa(s)|$在曲线起始端点或终端端点取得最大值,式(5-22)可以改写为

$$\max\{|\kappa_0(0)|,|\kappa_0(s_e)|\}\leqslant\frac{a_{\max}x_t}{2V^2} \tag{5-23}$$

5.4.4　到达时间分析

飞行时间控制的本质是调节飞行轨迹长度,为了实现轨迹长度的可调节性,将飞行轨迹分为两段——LASC曲线和直线,这两段轨迹分别对应飞行过程的初段和终段。在终段飞行过程中导弹沿直线碰撞轨迹飞行,即该段轨迹的轨迹曲率为零;在初段飞行中,导弹通过沿特定LASC曲线从初始速度向量过渡到终段,两段轨迹的切换点记为S。通过二段式设计能够实现飞行时间的控制,使导弹能够按照预期的轨迹路径完成飞行任务。这种二段式制导的思路如图5.8所示。

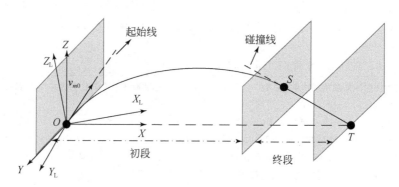

图 5.8　三维场景下的二段式制导过程几何框架

二段式制导轨迹的长度可以通过沿碰撞轨迹改变切换点S的位置来调节,这个过程需要建立一个当地坐标系$O\text{-}X_L Y_L Z_L$,该当地坐标系由惯性坐标系以向量$\boldsymbol{OT}$和$\boldsymbol{OS}$的叉乘为旋转轴旋转一定角度得到,坐标系的转换过程如下式所示:

$$\boldsymbol{D}_{n,L}=\boldsymbol{R}_L\boldsymbol{D}_n,\quad n=X,Y,Z$$
$$\boldsymbol{R}_L=\boldsymbol{I}+\sin\theta\boldsymbol{K}+(1-\cos\theta)\boldsymbol{K}^2$$
$$\boldsymbol{K}=\begin{bmatrix} 0 & -k_z & k_y \\ k_z & 0 & -k_x \\ -k_y & k_x & 0 \end{bmatrix} \tag{5-24}$$

其中,$\boldsymbol{D}_{n,L}$和$\boldsymbol{D}_n$分别为当地坐标系和惯性坐标系的坐标轴方向向量;$\boldsymbol{R}_L$为旋转矩阵;(k_x,k_y,k_z)为旋转轴单位向量,通过$(\boldsymbol{OS}\times\boldsymbol{OT})/|\boldsymbol{OS}\times\boldsymbol{OT}|$计算得到;$\theta$为向量

$\boldsymbol{OS}$ 和 $\boldsymbol{OT}$ 之间的夹角。惯性坐标系中的特征点 $P_i(i=0,1,2,3)$ 通过投影换算到当地坐标系中,即

$$
\begin{aligned}
x_{i,\mathrm{L}} &= x_i \cdot D_{X,\mathrm{L}} \\
y_{i,\mathrm{L}} &= y_i \cdot D_{Y,\mathrm{L}} \\
z_{i,\mathrm{L}} &= z_i \cdot D_{Z,\mathrm{L}}
\end{aligned}
\tag{5-25}
$$

其中,(x_i,y_i,z_i) 和 $(x_{i,\mathrm{L}},y_{i,\mathrm{L}},z_{i,\mathrm{L}})$ 分别为惯性坐标系和当地坐标系中的坐标,然后使用 5.4.2 节中方法生成所需的初段 LASC 曲线轨迹。

　　轨迹切换点 S 在碰撞轨迹线上的调节位置是受限的,主要原因有三点:首先,根据式(5-21)可知轨迹曲率的绝对值与比例因子 $2/x_t$ 直接关联,受导弹过载能力 $a_{\max}$ 的限制。其次,如果线段 ST 的长度超过某一临界值,那么导弹只有沿 S 形轨迹飞行才能平滑过渡到碰撞轨迹,这在实际运用中会大量消耗导弹的速度和能量,对这种情况应予以避免。图 5.9 展示了导弹初段轨迹从 C 形变为 S 形的临界情况,直线 OA 是起始轨迹线在原点 O 和碰撞轨迹线所形成平面上的投影,同时点 A 也是直线 OA 与碰撞轨迹线的交点,该临界情况下 $|AT|$ 是图 5.8 中线段 ST 长度的临界值。最后,LASC 轨迹的最大曲率随着线段 ST 长度从零增长也会随之增大,甚至无法生成所需的 LASC 曲线[24,25]。因此,本章中仅考虑 $|ST|\in[0,AT)$ 的情况。

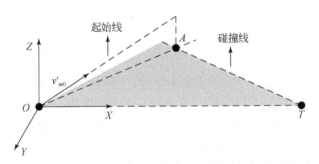

图 5.9　导弹初段轨迹从 C 形变为 S 形的临界情况

　　线段 ST 的长度与飞行时间 t_f 之间的关系可由下式表示:

$$
t_f = F(|ST|,x_t,v_{m0},v_{mf}) = \left(\frac{f(|OS|,v'_{m0},v'_{mf})|OS|}{2} \cdot \frac{|P'_0 P'_3|}{|P'_0 P'_E|} + |ST| \right)/V
\tag{5-26}
$$

其中,v'_{m0} 和 v'_{mf} 分别为导弹在当地坐标系中的初始和终端速度;P'_0、P'_3 和 P'_E 是 LASC 曲线在标准形式下的特征点。用于搜寻到达时间上下限的目标函数如下:

$$t_{\text{fmin}} = \min F(\,|ST|\,, x_t, v_{m0}, v_{mf}),\ |ST| \in [0, |AT|)\ \text{and}\ |\kappa(s)\,|_{\max} \leqslant \frac{a_{\max}}{V^2}$$
$$(5\text{-}27)$$

$$t_{\text{fmax}} = \max F(\,|ST|\,, x_t, v_{m0}, v_{mf}),\ |ST| \in [0, |AT|)\ \text{and}\ |\kappa(s)\,|_{\max} \leqslant \frac{a_{\max}}{V^2}$$
$$(5\text{-}28)$$

在确定了飞行时间范围 $[t_{\text{fmin}}, t_{\text{fmax}}]$ 后,可从中选取任意满足要求的飞行时间 t_{f} 并根据下式计算对应的轨迹切换点 S:

$$\min |F(\,|ST|\,, x_t, v_{m0}, v_{mf}) - t_{\text{f}}\,|,\quad t_{\text{f}} \in [t_{\text{fmin}}, t_{\text{fmax}}]\qquad(5\text{-}29)$$

算法 5.2 总结了生成满足飞行时间和终端角度约束的飞行轨迹的过程。

算法 5.2　生成满足飞行时间和终端角度约束的飞行轨迹的算法

1. 根据初始条件和终端角度约束,使用式(5-13)和式(5-14)计算起始轨迹线、碰撞轨迹线以及特征点
2. 根据目标函数(5-29)使用改进的单纯形法沿碰撞轨迹线选取所需的轨迹切换点 S
3. 根据给定的轨迹切换点 S,使用式(5-24)计算当地坐标系
4. 使用式(5-25)获取 LASC 曲线在当地坐标系中的特征点
5. 使用算法 5.1 获取满足终端角度约束的 LASC 曲线
6. 使用式(5-26)计算当前轨迹的飞行时间
7. 重复(1)~(4)直至误差时间小于给定阈值
8. 使用式(5-24)的逆变换将所得轨迹换算为惯性坐标系下的飞行轨迹

5.4.5　制导律设计

导弹在实际飞行过程中受多种因素影响,包括空气动力学建模偏差、气流扰动等,在这些影响下,如果直接将轨迹曲率换算为加速度指令,则会导致整个制导过程为开环控制,这样在受干扰情况下会产生较大的脱靶量,因此为了提高制导精度和鲁棒性,需要对轨迹跟踪过程进行闭环控制,利用当前状态和实际输出来修正控制指令,使导弹能够更好地跟踪期望轨迹,并在受到外部干扰时进行校正,提高制导的精度和稳定性。

为了获得三维轨迹跟踪算法,需要对原始二维算法进行扩展。此扩展包括两次旋转,从而将惯性坐标系框架转换为 X 轴与轨迹起始点相切的框架,在这个新的框架中,轨迹跟踪误差矢量的分量能以更清晰的方式描述。第一个旋转是惯性坐标系 Z 轴的 α 旋转,第二个旋转是第一个旋转产生的 Y 轴的 β 旋转,其中 α 和 β 是每次旋转前轨迹直线的斜率,旋转矩阵可以分别表示为 $\boldsymbol{R}_Z(\alpha)$、$\boldsymbol{R}_Y(\beta)$。

获得了待跟踪轨迹及所需坐标系后,需要合适的跟踪算法实现轨迹跟踪。Lookahead 法、非线性制导法(non-linear guidance law,NLGL)、视线追踪法(pure pursuit and line-of-sight,PLOS)和矢量场法(vector field,VF)是 4 种常用的三维

轨迹跟踪算法。

　　Lookahead 法是一种在导航和路径规划中常用的跟踪算法,旨在预测未来状态以辅助决策。该方法基于当前的状态信息,通过模拟系统可能的未来行为来选择最佳行动,以达到特定的目标,通常用于自动驾驶、航空导航、机器人控制和游戏 AI 等领域,其关键优点是能够在决策中考虑到未来可能的变化和不确定性,从而更好地适应复杂的环境。

　　NLGL 是导弹制导系统中的一种控制策略,用于引导导弹或飞行器朝向目标并执行拦截任务。与线性制导法不同,NLGL 基于目标与导弹之间的相对运动和非线性动力学模型进行设计。

　　PLOS 的目标是使一个移动体(如车辆或机器人)沿着一个预定义的路径来追踪目标,以便在视线范围内保持对目标的跟踪效果。这种方法的优点在于它相对简单、易于实施,并且可以在实时应用中表现出色,但它也有一些局限性,如在曲线路径或高速移动目标下的性能会变差。

　　矢量场法利用矢量场来描述环境中的目标或障碍物的分布,以指导自主系统的移动。其优势在于它的相对简单性和适用性,它允许自主系统以一种连续的方式移动,而不需要离散化或详细的地图,此外矢量场法通常具有良好的实时性能。

　　上述跟踪算法中,Lookahead 法和 NLGL 均采用虚拟目标的理念来保证飞行器遵循期望的轨迹。PLOS 法由两种策略组成,第一种是 LOS 制导策略,它减小了相对于期望轨迹的位置误差,第二种是纯跟踪策略,它将飞行器驱动到下一个航路点[22]。矢量场法使用矢量场的概念来指示所需的行进方向。已有的研究测试结果表明,与 NLGL 和矢量场法相比,PLOS 和 Lookahead 法具有更低的误差和计算成本,其中 Loohahead 法在计算效率和跟踪精度方面均具有优异性能。因此本章采用 Lookahead 法进行轨迹跟踪,式(5-30)和式(5-31)所示的 Lookahead 控制律能保证轨迹跟踪的收敛性,即

$$a_{zm}=k_{\theta}\left(\alpha_z+\arctan\left(\frac{e_z}{\delta_z}\right)-\theta\right)V \tag{5-30}$$

$$a_{ym}=k_{\psi}\left(\alpha_y+\arctan\left(\frac{-e_y}{\delta_y}\right)-\psi\right)V \tag{5-31}$$

其中,a_{zm} 和 a_{ym} 分别为俯仰和偏航加速度指令;α_z 和 α_y 为惯性坐标系变到导弹速度坐标系的旋转变换角度;e_z 和 e_y 分别为纵向和横向的轨迹跟踪偏差;δ_y 和 δ_z 分别为将导弹从当前位置导引到参考俯仰和偏航平面的增益;k_{θ} 和 k_{ψ} 为比例系数,本章中 Lookahead 法的参数设置为 $k_{\theta}=k_{\psi}=10,\delta_y=20,\delta_z=10$。

　　算法 5.3 总结了 Lookahead 法的计算步骤,其中 $\boldsymbol{R}_Z(-\alpha_y)$ 和 $\boldsymbol{R}_Y(-\alpha_z)$ 分别为绕 Z 轴旋转角 $-\alpha_y$ 和绕 Y 轴旋转角 $-\alpha_z$ 的旋转矩阵。

算法 5.3　Lookahead 法

1. for 每个时间步长 do
2. 获取当前参考轨迹点 $W_i(x_1, y_1, z_1)$、下一个参考轨迹点 $W_{i+1}(x_2, y_2, z_2)$、导弹在惯性坐标系中的当前位置 $M(x, y, z)$ 及其俯仰角 θ 和偏航角 ψ
3. 计算 $\alpha_y \leftarrow \arctan\left(\dfrac{W_{i+1}(2) - W_i(2)}{W_{i+1}(1) - W_i(1)}\right)$
4. 计算 $W_i^R \leftarrow \boldsymbol{R}_Z(-\alpha_y)W_i, W_{i+1}^R \leftarrow \boldsymbol{R}_Z(-\alpha_y)W_{i+1}$
5. 计算 $\alpha_z \leftarrow \arctan\left(\dfrac{W_{i+1}^R(3) - W_i^R(3)}{W_{i+1}^R(1) - W_i^R(1)}\right)$
6. 计算轨迹跟踪偏差 $e = R_Y(-\alpha_z)R_Z(-\alpha_y)(M - W_i)$
7. 根据式(5-30)和式(5-31)计算俯仰加速度和偏航加速度指令
8. end for

5.5　仿真结果与分析

5.5.1　单枚导弹制导飞行

在给定初始状态下计算得到飞行时间范围,该范围内飞行时间所对应的轨迹均可以通过合理选取参数 $|ST|$、Λ 和 υ 获取,具体过程如算法 5.4 所示。

算法 5.4　满足终端角度和到达时间的单弹制导算法

1. 根据期望的终端角度 (θ_{mf}, ψ_{mf}),使用式(5-27)和式(5-28)计算飞行时间下限 t_{fmin} 和上限 t_{fmax}
2. 从时间范围 $[t_{fmin}, t_{fmax}]$ 中选取到达时间 t_f
3. 通过求解最小化问题(5-29)得到对应的轨迹切换点 S
4. 使用算法 5.3 生成俯仰和偏航加速度指令

5.5.2　同一地点顺序发射的多弹协同

假设有 n 枚导弹,记作 $I_i(i=1, 2, \cdots, n)$,它们以相同的发射角度从相同的位置发射,即所有导弹具有相同的初始速度向量,所有导弹的共同目标是同时到达某一指定目标点,但区别在于每枚导弹的期望到达角度各不相同。导弹发射的时间间隔为 t_Δ,第一枚导弹的发射时间为 $t=0$,期望的到达时间为 t_f,为实现时间协同,则后续的导弹发射时间为 $t=t_\Delta, t=2t_\Delta, \cdots, t=(n-1)t_\Delta$,对应的制导飞行时间为 $t_f - t_\Delta, t_f - 2t_\Delta, \cdots, t_f - (n-1)t_\Delta$。算法 5.5 详细总结了从同一地点顺序发射进行协同飞行的计算步骤。

算法 5.5　同一地点顺序发射实现时间和角度协同的制导算法

1. for 每枚导弹 I_i, $i=1,2,\cdots,n$ do

2. 根据初始状态和期望的终端角度 $(\theta_{mf,i},\psi_{mf,i})$，使用式(5-27)和式(5-28)计算飞行时间下限 $t_{fmin,i}$ 和上限 $t_{fmax,i}$

3. 获取当前导弹的飞行时间范围 $T_i=\left[t_{fmin,i},t_{fmax,i}\right]$

4. end for

5. 获得弹群到达时间的交集 $\Omega=\bigcap\limits_{i=1}^{n}(T_i+(i-1)t_{\Delta})$

6. 从交集中选取一个可行的协同时间 $t_f\in\Omega$

7. for 每枚导弹 I_i, $i=1,2,\cdots,n$ do

8. 根据期望的飞行时间 $t_{f,i}=t_f-(i-1)t_{\Delta}$，通过求解最优化问题(5-29)选取对应的轨迹切换点 S

9. 使用算法 5.3 生成俯仰和偏航加速度指令

10. end for

5.5.3　不同地点同时发射的多弹协同

　　假设 n 枚导弹 $I_i(i=1,2,\cdots,n)$ 从不同的地方发射，发射地点记为 $O_i(i=1,2,\cdots,n)$，所有导弹要求以其给定的终端角度同时到达同一目标。这里需要注意，各导弹初始的终端角度均是在惯性坐标系中定义的，但轨迹生成过程是基于各导弹当地坐标系下进行的，所以惯性坐标系下的终端角度还需要转换到各弹的当地坐标系。图 5.10 描述了多弹从不同地点发射进行多弹协同飞行的初始场景。

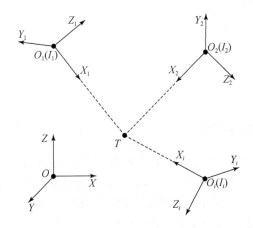

图 5.10　齐射情景下的惯性坐标系和各弹当地坐标系

　　图中惯性坐标系和当地坐标系分别记为 $O\text{-}XYZ$ 和 $O_i\text{-}X_iY_iZ_i$，从惯性坐标系到当地坐标系的换算过程如下所示：

$$P_{L,i} = R_{L,i}(P_I - P_{O,i})$$

$$R_{L,i} = \begin{bmatrix} \cos\theta_{L,i} & 0 & -\sin\theta_{L,i} \\ 0 & 1 & 0 \\ \sin\theta_{L,i} & 0 & \cos\theta_{L,i} \end{bmatrix} \begin{bmatrix} \cos\psi_{L,i} & \sin\psi_{L,i} & 0 \\ -\sin\psi_{L,i} & \cos\psi_{L,i} & 0 \\ 0 & 0 & 1 \end{bmatrix}$$ (5-32)

$$\psi_{L,i} = \arctan\left(\frac{y_{L,i}}{x_{L,i}}\right), \quad \theta_{L,i} = \arctan\left(\frac{z_{L,i}}{\sqrt{x_{L,i}^2 + y_{L,i}^2}}\right)$$

其中，P_I 和 $P_{L,i}$ 是惯性坐标系和当地坐标系下的坐标；$(x_{L,i}, y_{L,i}, z_{L,i})$ 是向量 $\boldsymbol{O_iO}$ 的坐标；$P_{O,i}$ 是点 O_i 的坐标。各枚导弹的可行到达时间范围为 $T_i = [t_{\mathrm{fmin},i}, t_{\mathrm{fmax},i}]$，弹群的共同到达时间范围为 $T_1, \cdots, T_n$ 的交集 $[\max\{t_{\mathrm{fmin},1}, \cdots, t_{\mathrm{fmin},n}\}, \min\{t_{\mathrm{fmax},1}, \cdots, t_{\mathrm{fmax},n}\}]$，假设交集不为空。

算法 5.6 概括了从不同地点同时发射实现飞行时间和终端角度协同的步骤。

算法 5.6　不同地点同时发射的时间和角度协同制导算法

1. for 每枚导弹 I_i，$i = 1, 2, \cdots, n$ do

2. 根据式(5-32)将几何态势从惯性坐标系换算到当地坐标系

3. 根据初始状态和期望的终端角度$(\theta_{mf,i}, \psi_{mf,i})$，使用式(5-27)和式(5-28)计算到达时间下限 $t_{\mathrm{fmin},i}$ 和上限 $t_{\mathrm{fmax},i}$

4. 获取当前导弹的到达时间范围 $T_i = [t_{\mathrm{fmin},i}, t_{\mathrm{fmax},i}]$

5. end for

6. 获得弹群飞行时间的交集 $\Omega = \bigcap\limits_{i=1}^{n}(T_i + (i-1)t_\Delta)$

7. 从交集中选取一个可行的协同时间 $t_f \in \Omega$

8. for 每枚导弹 I_i，$i = 1, 2, \cdots, n$ do

9. 根据期望的到达时间 $t_{f,i} = t_f - (i-1)t_\Delta$，通过求解最优化问题(5-29)选取对应的轨迹切换点 S

10. 使用算法 5.3 生成俯仰和偏航加速度指令

11. end for

5.5.4　仿真实验和结果分析

本节将通过仿真实验的方法来验证本章所提出的 3D ITACG 制导方法性能。首先，设定仿真实验所需的参数；其次，在给定到达时间和终端角度情况下，进行单枚导弹的飞行实验，并将本章所提的制导律与文献[26]提出的二段式时间/角度约束三维制导律进行对比；最后，针对不同发射地点进行多枚导弹协同制导的场景进行验证。

1. 实验参数设定

导弹的飞行速度为 300m/s，其最大加速度能力为 $100\ \mathrm{m/s^2}$，目标在惯性坐标系中的坐标为(5000m, 0m, 0m)，为检验制导算法的鲁棒性，导弹飞行控制系统等效为一阶滞后环节,时间常数为 0.2s。

仿真计算机的硬件配置为主频 4.0 GHz 四核处理器、16GB 内存。在 64 位 Windows 操作系统下,生成轨迹所需的计算时间与两方面有关,一是积分求解方程(5-1)、(5-4)和(5-5)的步长,二是最优化问题(5-18)和(5-29)的求解收敛指标。在本章实验中,归一化坐标系中的曲线积分步长设置为 0.005,优化问题(5-18)和(5-29)的收敛阈值分别为 0.02rad 和 0.005s,生成满足到达时间和终端角度约束的 LASC 曲线的计算时间约为 140ms。因为飞行轨迹在导弹发射之前已生成,所涉及的计算仅在发射平台执行一次,所以导弹在发射后使用实时追踪算法 Lookahead 进行轨迹跟踪,在实际运用中,还可根据实时制导信息不断更新飞行轨迹,这样可以更好地应对各种干扰情况。

2. 案例 1:给定到达时间和终端角度的制导

为验证本章所提 3D ITACG 制导律性能,本节将其与文献中所提方法进行了对比,考虑两枚导弹 I_1 和 I_2,分别使用本章和文献[26]所设计的制导律,且同时在 $t=0$s 时刻从惯性坐标系原点发射,发射时的初始速度单位向量均为(0.4082, 0.4082, 0.8165),期望的终端角度单位向量均为(0.6247, -0.6247, -0.4685),根据式(5-27)和式(5-28)求解得到的导弹 I_1 的到达时间范围为(20.14s, 24.27s),期望的到达时间设为 $t_f=22$s。

仿真实验所得的导弹飞行轨迹如图 5.11(a)所示,图中轨迹表明两枚导弹均到达了目标点,但二者的终端角度有差别;图 5.11(b)展示了弹目相对距离随时间的变化过程,变化曲线表明导弹 I_1 在 $t=22.09$s 较为准时地到达了目标点,这是因为本章所提制导方法通过协调飞行轨迹实现时间协同收敛,具有优异的时间协同性能,而导弹 I_2 到达目标点的时间偏差为 $t=21.21$s,造成 I_2 到达时间偏差较大的原因主要是文献[26]在剩余飞行时间估计中采用了线性化估计方法,然而,在涉及大终端角度的三维制导情境中,这种估算方法并不足够准确;图 5.11(c)和图 5.11(d)给出了两枚导弹的俯仰加速度和偏航加速度随时间的变化曲线,导弹 I_1 的加速度在终段飞行大大增加,导弹 I_2 的加速度在终段降为零,相比之下 I_1 在终段具有更大的速度和加速能力,在实际中具有更好的终端性能;图 5.11(e)和图 5.11(f)给出了两弹俯仰角和偏航角随时间变化的曲线,初始角度用星号标记,期望的角度用三角符号标记,图中曲线表明导弹 I_1 在进入终段飞行后就达到了期望的终端角度,并且以该角度飞行直至目标点,而导弹 I_2 在到达时间和角度上均存在偏差,对比结果体现了本章所提方法在时间和角度控制方面的优越性。

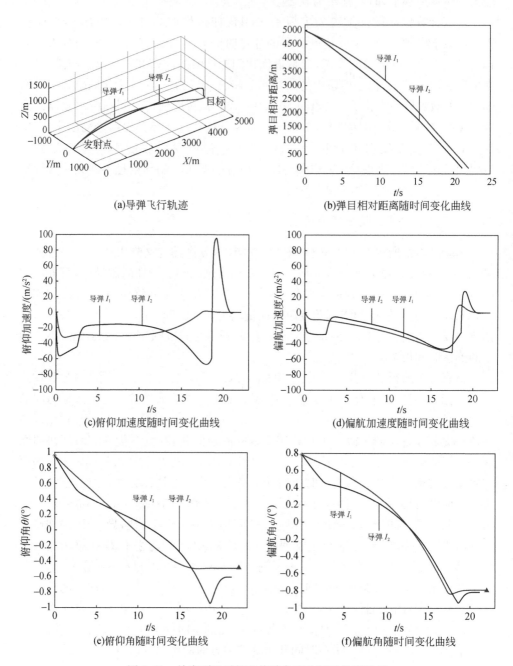

图 5.11　给定到达时间和终端角度的制导仿真结果

3. 案例 2: 从不同地点发射的协同制导

案例 2 考虑多枚导弹从不同地点发射进行协同的场景。有三枚导弹 I_1、I_2 和 I_3,位于两个不同的发射点,位置如表 5.1 所示,导弹 I_1 和 I_2 分别在 $t=0$s 和 $t=1$s 时刻从惯性坐标系原点发射,导弹 I_3 则在 $t=0$s 时刻从另一个地点发射。

表 5.1　案例 2 导弹在惯性坐标系中的初始情况

导弹	发射位置	初始速度方向单位向量	期望的终端方向单位向量
I_1	$(0,0,0)$	$(0.4082,0.4082,0.8165)$	
I_2	$(0,0,0)$	$(0.4082,0.4082,0.8165)$	$(0.8,0,-0.6)$
I_3	$(2000,4000,-500)$	$(0.4082,-0.4082,0.8165)$	

以上在惯性坐标系中定义的初始情况需要根据式(5-32)换算到各枚导弹的当地坐标系中,如表 5.2 所示。

表 5.2　案例 2 各弹当地坐标系中的初始情况

导弹	发射位置	初始速度方向单位向量	期望的终端角度单位向量
I_1	$(0,0,0)$	$(0.4082,0.4082,0.8165)$	$(0.8,0,-0.6)$
I_2	$(0,0,0)$	$(0.4082,0.4082,0.8165)$	$(0.8,0,-0.6)$
I_3	$(2000,4000,-500)$	$(0.2722,0,0.9623)$	$(0.7333,0.5657,-0.3771)$

导弹 I_1 和 I_2 使用算法 5.5 生成加速度指令,导弹 I_3 使用算法 5.6 生成加速度指令,根据式(5-27)和式(5-28)计算得到的三枚导弹的到达时间上下限如表 5.3 所示,期望的协同时间设为 $t_f=21.5$s。

表 5.3　案例 2 各弹的到达时间上下限

导弹	到达时间下限 t_{fmin}/s	到达时间上限 t_{fmax}/s
I_1	20.44	24.35
I_2	20.44	24.35
I_3	18.41	23.07
到达时间交集	$\Omega=[20.44,23.07]$	

仿真实验所得的导弹飞行轨迹如图 5.12(a)所示,三枚导弹均成功到达了目标。图 5.12(b)展示了弹目相对距离随时间变化的曲线,三枚导弹 I_1、I_2 和 I_3 到达目标的时间分别为 21.52s、21.51s 和 21.55s,实现了很好的时间协同性能。本

章制导方法根据不同飞行时间制定了对应长度的飞行轨迹,实现了优异的时间协同收敛性能,三枚导弹与目标点的相对距离在约 $t=17\mathrm{s}$ 时实现了同步收敛,与导

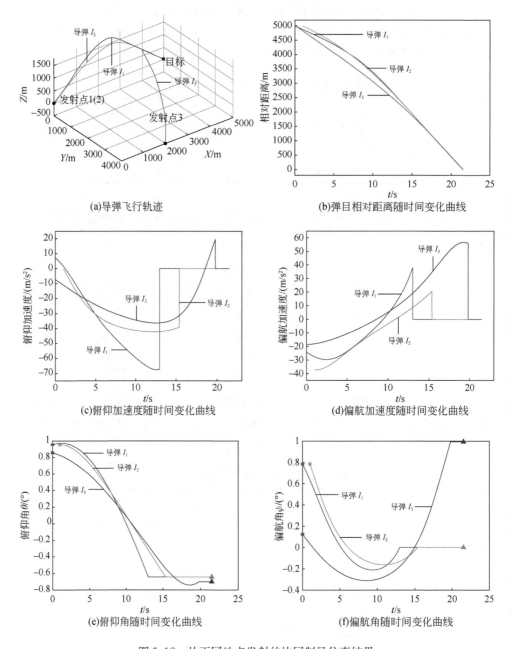

(a)导弹飞行轨迹

(b)弹目相对距离随时间变化曲线

(c)俯仰加速度随时间变化曲线

(d)偏航加速度随时间变化曲线

(e)俯仰角随时间变化曲线

(f)偏航角随时间变化曲线

图 5.12　从不同地点发射的协同制导仿真结果

弹 I_1 相比,后续发射的 I_2 通过更早地进入碰撞轨迹来补偿发射时间上的滞后。图 5.12(c)和图 5.12(d)展示了俯仰加速度和偏航加速度随时间变化的曲线,与导弹 I_2 相比,导弹 I_1 花费了更多的控制能量、绕了更远的轨迹才进入碰撞直线,使得先后发射的 I_1 和 I_2 实现了时间协同。三枚导弹的俯仰角和偏航角如图 5.12(e)和图 5.12(f)所示(图中标记的含义与图 5.11 一致),所有导弹均在终段飞行过程实现了期望的终端角度,并且保持这一角度直至到达目标点。仿真结果验证了本章所提制导方法能够在三维空间中控制导弹的飞行时间和角度,实现多弹协同飞行。

5.6　小　　结

本章提出了一种基于计算几何的 3D ITACG 制导方法来控制导弹飞行的终端角度和到达时间,有效避免了三维运动学分解下的制导信息丢失问题。设计了一种二段式飞行轨迹,第一阶段轨迹为 LASC 曲线,第二阶段轨迹为直线,两段轨迹的平滑过渡通过调节 LASC 曲线端点的切向量实现。通过初始条件和终端约束分析轨迹的曲率、长度特征,轨迹长度通过调节切换点位置实现,该切换点调节范围受飞行过载和轨迹可生成性的约束。以此为基础,通过使用数值方法获取到达时间的可调范围,增强了多弹协同的确定性。最后采用 Lookahead 法进行轨迹跟踪,使导弹能在自动驾驶仪时延等因素下沿既定轨迹飞行。仿真实验结果显示本章所提 3D ITACG 制导方法能在三维空间实现对飞行器终端角度和到达时间的控制。

参 考 文 献

[1] Pettersen K Y, Gravdahl J T, Nijmeijer H. Group Coordination and Cooperative Control. Berlin: Springer, 2006.

[2] Su L, Ye D. A cooperative detection and compensation mechanism against denial-of-service attack for cyber-physical systems. Information Sciences, 2018, 444: 122-134.

[3] Meng Z, Anderson B, Hirche S. Formation control with mismatched compasses. Automatica, 2016, 69: 232-241.

[4] Zhao J, Yang S. Integrated cooperative guidance framework and cooperative guidance law for multi-missile. Chinese Journal of Aeronautics, 2018, 31(3): 546-555.

[5] Geng H, Liang Y, Liu Y, et al. Bias estimation for asynchronous multi-rate multi-sensor fusion with unknown inputs. Information Fusion, 2018, 39: 139-153.

[6] 何晨迪. 基于滑模理论的导弹控制与协同制导研究. 哈尔滨: 哈尔滨工程大学, 2022.

[7] 赵恩娇. 多飞行器编队控制及协同制导方法. 哈尔滨: 哈尔滨工业大学, 2019.

[8] 葛鲁亲. 多对空导弹拦截多目标的协同制导方法研究. 南京: 南京航空航天大学, 2020.

[9] 邵长兴, 孙玄, 张迪, 等. 主辅拦截器协同制导方法研究. 上海航天, 2018, 35(3): 95-100.

[10] 谢愈, 刘鲁华, 汤国建, 等. 多拦截器总体拦截方案设计与分析. 北京航空航天大学学报,

2012,38(3): 303-308.

[11] Kumar S R,Ghose D. Three dimensional impact angle constrained guidance law using sliding mode control. 2014 American Control Conference,Portland,2014:2474-2479.

[12] Song J,Song S. Three- dimensional guidance law based on adaptive integral sliding mode control. Chinese Journal of Aeronautics,2016,29(1): 202-214.

[13] Jeon I S,Lee J I,Tahk M J. Impact- time- control guidance law for anti- ship missiles. IEEE Transactions on Control Systems Technology,2006,14(2):260-266.

[14] Struik D J. Lectures on Classical Differential Geometry. Reading:Weiley,1961.

[15] Arslan A,Tari E,Ziatdinov R,et al. Transition curve modeling with kinematical properties: Research on log- aesthetic curves. Computer- Aided Design and Applications,2014,11(5): 509-517.

[16] Wo M S,Gobithaasan R U,Miura K T. Log- aesthetic magnetic curves and their application for CAD systems. Mathematical Problems in Engineering,2014: 1-16.

[17] Yoshida N,Fukuda R,Saito T. Log- aesthetic space curve segments. 2009 SIAM/ACM Joint Conference on Geometric and Physical Modeling,New York,2009:169-173.

[18] Cheng Z, Wang B, Liu L, et al. A composite impact- time- control guidance law and simultaneous arrival. Aerospace Science and Technology,2018,80: 403-412.

[19] Kim M,Jung B,Han B,et al. Lyapunov- based impact time control guidance laws against sta- tionary targets. IEEE Transactions on Aerospace and Electronic Systems, 2015, 51 (2): 1111-1122.

[20] Hentzen D, Kamgarpour M, Soler M, et al. On maximizing safety in stochastic aircraft trajectory planning with uncertain thunderstorm development. Aerospace Science and Technology,2018,79: 543-553.

[21] Naghash A,Esmaelzadeh R,Mortazavi M,et al. Near optimal guidance law for descent to a point using inverse problem approach. Aerospace Science and Technology, 2008, 12 (3): 241-247.

[22] Ugray Z,Lasdon L,Plummer J,et al. Scatter search and local NLP solvers: A multistart framework for global optimization. INFORMS Journal on Computing, 2007, 19 (3): 328-340.

[23] Nelder J A M R. A simplex method for function minimization. The Computer Journal,1965, 7(4): 308-313.

[24] Yoshida N,Saito T. The evolutes of log-aesthetic planar curves and the drawable boundaries of the curve segments. Computer- Aided Design and Applications,2012,9(5): 721-731.

[25] Gobithaasan R U, Karpagavalli R, Miura K T. Drawable region of the generalized log aesthetic curves. Journal of Applied Mathematics,2013,(1):732457.

[26] Jung B,Kim Y. Guidance laws for anti- ship missiles using impact angle and impact time. Guidance,Nevigation,and Control Conference,Keystone,2006:6432.

第 6 章 拦截高速高机动目标的末制导协同策略

6.1 概　述

制导律本质上是一种数学表达式或算法，它将系统的输入与输出和期望输出进行比较，然后生成制导指令，使得系统朝着期望的方向运动。制导律的作用主要是缩小制导飞行器与目标之间的距离，通常是一个关于时间的函数，其中比例导引（proportional navigation guidance，PNG）是应用最广泛的制导方法之一，在制导飞行器向目标接近的过程中，使导弹的速度向量 $\mathbf{V}$ 在空间的转动角速度正比于目标视线的转动角速度，从而达到将视线角速率归零的目的。

比例导引根据目的和用途，衍生出不同的种类，如真比例导引（true proportional navigation guidance，TPN）、扩展比例导引（augmented proportional navigation guidance，APN）和其他相关导引律。

真比例导引是导弹制导系统中的一种典型制导方法，通过测量导弹与目标之间的角度和距离信息来调整导弹的航向和速度，以使导弹能够跟踪目标的真实运动。传统的比例导引方法可能仅考虑导弹与目标之间的几何距离，而忽略了角度信息，这样的导引方法有时可能在目标机动或干扰的情况下效果不佳。真比例导引考虑导弹与目标之间的角度和距离信息，它的优势在于可以更好地适应目标的机动，因为它实际上测量了目标相对导弹的运动，这使得导弹能够更好地追踪目标，即使目标在飞行过程中改变了方向或速度。实现真比例导引通常需要精确的传感器来测量导弹和目标之间的距离和角度，这些传感器可以包括雷达、红外传感器或其他类型的距离测量设备。导弹的控制系统将这些信息用于计算并调整导弹的航向和速度，以使导弹保持与目标的真比例位置关系。真比例导引通常应用于导弹、导弹防御系统、航天器以及其他需要精确导引的场景中，在军事、太空探索和卫星导引等许多领域都发挥着重要作用。

扩展比例导引是一种基于比例导引的制导技术，旨在使导弹的横向加速度（即横向引导率）与目标的横向速度之比（相对速度的负梯度）保持恒定。此外，扩展比例导引引入了额外的修正或增强机制，以提高制导系统应对机动目标的性能，这些增强机制包括以下内容。

（1）飞行目标模型：扩展比例导引通常使用更精确的飞行目标模型，以更好地预测目标未来的运动,包括考虑目标机动、变速度和其他因素的数学模型。

(2)导弹机动控制:扩展比例导引将目标加速度纳入制导指令表达式中,可以指导飞行器更积极地追踪目标,以改进对机动目标的跟踪能力。

(3)先进传感器:使用更先进的传感器,如红外、雷达或图像传感器,可以提供更精确的目标跟踪和识别数据。

扩展比例导引通常应用于导弹和防空导弹系统,以确保目标被精确击中,尤其是可以应用在面对快速机动目标的场景中。此外,在太空导航和其他需要高精度导引的领域也有应用。扩展比例导引相对于传统比例导引的优势在于可以更好地适应机动目标,并提供更高的命中概率。通过引入上述增强机制,系统可以更好地跟踪目标的运动,实现更高的导弹目标相遇概率。

还有一些制导方法,如微分比例制导法,该方法计算导弹与目标之间的相对位置误差,通常是导弹和目标之间的距离,另外计算相对速度误差,即导弹与目标之间的速度差,通过将位置误差和速度误差进行加权并相减生成导弹的制导命令,这个制导命令通常会直接影响导弹的加速度或推力方向。微分比例制导的效果受多种因素影响,包括导弹性能、目标速度和机动性能、传感器精度等。

在大多数制导律的设计过程中,假定目标的机动策略是给定的,或者可以使用多个模型制导识别方案获得目标信息。然而,在现实中,目标信息很难快速准确地估计,这一困难极大地限制了扩展比例导引的实际性能。因此,当目标执行未知机动时,传统制导律面临着巨大的挑战,尤其是目标飞行器占据性能优势的情形下,在这种交战场景下,传统制导法通常要求飞行器在接近碰撞时具有难以达到的高机动性,进而导致制导飞行器加速度饱和、脱靶量增大。具体来说,在这种目标机动未知的交战场景中,传统的制导法则通常面临以下挑战。

(1)机动性要求高:传统制导法通常会要求飞行器在接近目标时具有极高的机动性,以适应目标的机动行为。这对于导弹或飞行器的设计来说势必会增加复杂性和成本。

(2)目标信息难以获得:获得关于目标的准确信息,包括其速度、位置和机动策略,通常需要使用先进传感器,但这些信息可能受到各种因素的干扰,获得准确信息息较为困难。

(3)实时性挑战:对于高度机动的目标,实时估计其机动策略并实施相应的制导措施非常困难,因为目标的决策可能会迅速变化,这对探测识别与制导指令计算提出了很高的快速性和精确性需求。

由于存在以上所述的挑战,许多针对机动目标的制导律在设计过程中常常假设目标的机动策略是已知的,或者可以通过多模型制导律辨识等方法获取。但在实际制导场景中,这个假设难以成立,即目标运动的控制计划很难迅速、准确地获取,这很大程度上限制了制导性能,因此拦截高机动目标,尤其拦截占据性能优势的高机动目标时,相应的制导律设计十分具有挑战性,需要解决传统制导律极易在交会终端时刻产生过高的加速度指令的问题,克服导弹加速度饱和、脱靶量大大增加的缺点。一种提升拦截机动目标效果的方法是提高导弹的单体拦截性能,将目标未来时刻可能的位置作为概率区域,则制导律的设计问题可转换为优化问题。针对这种情况,可将预测拦截点(predicted interception point, PIP)作为一个带有概率密度函数(probability density function, PDF)的区域而非一个简单的点,这样就将减小脱靶量的问题转化为最大化拦截概率的优化问题[1]。从交会几何态势的角度来看,在线性化运动学下若零控脱靶量(zero effort miss, ZEM)在拦截弹的横向位移包线内,则脱靶量可降为零[2]。由于研究针对一对一的制导情形,没有兼顾多弹协同配合,依然存在制导性能瓶颈,难以有效运用于拦截速度、机动能力占优的机动目标。

另一种提升拦截机动目标效果的方法是多弹协同拦截。协同制导通常用于多弹齐射攻击的场景,多枚拦截弹的攻击时间通过时间约束制导律[3](impact time control guidance, ITCG)或前述的 ITACG 制导律进行协调同步,从而提升制导效果。然而,现有相关制导方法的研究主要针对静止目标或非机动目标,难以有效运用于高机动目标的拦截场景。

拦截弹群的编队阵形和协同策略对能否成功拦截目标具有重要影响,合适的编队阵形可以确保拦截弹群的有效拦截区域能够同时覆盖目标的多种机动轨迹甚至多个目标,确保所有目标都受到监视和拦截。对于目标来说,通过机动规避多个拦截弹会变得更为困难。如果将目标机动规避看作一种干扰,编队和协同策略就可以设计成具有一定的错误容忍度,以应对拦截弹可能遇到的干扰。合适的编队和协同策略可以减小目标干扰造成的影响,减小目标成功躲避攻击甚至进行反制的机会。编队中的拦截弹通常需要实时的信息交互,以共享目标位置、速度和其他情报,协同策略和编队阵形需要进行这些信息交流,以确保所有拦截弹都能够有效地协同工作。不同拦截弹可以采用不同的攻击角度,从而增加击中目标的机会,合理的编队和协同策略可以确保拦截弹从多个方向进行拦截,从而提升拦截成功率。多弹协同策略还涉及最优路径规划问题,以确保拦截弹群能够以最短的时间、最有效的路径接近目标;协同策略还涉及资源分配问题,确保编队中的拦截弹充分利用其资源,如由燃料决定的航程和战斗部决定的毁伤范围。

除了以上思路,还可以从追逐-逃逸问题的可达性角度来研究拦截制导问题。几何可达性分析可以看作预测拦截点分析和零控脱靶量分析的一种扩展,可达性分析主要用于分析和处理控制过程中的不确定性,并在自动驾驶研究领域取得了成功运用。可达性分析同样适用于研究飞行器的运动,因为飞行器的最大机动能力边界可以通过空中目标识别来获取,可行途径包括雷达回波信号分析[4](radar echo signal analysis)、红外信号分析[5](external signal analysis)、遥感数据识别[6](remote sensing data recognition)等,通过多种数据的融合分析,即使无法精确识别飞行器的型号,也能得到其可能的型号概率序列和对应的性能范围。为获得较好的制导性能,可达性分析中的目标飞行性能取性能范围的上界即可。获取飞行器的机动能力上限作为制导策略设计的先验知识,能有力提升拦截制导性能,这也是后续研究机载主动防御制导律的有利前提条件。实现这一前提条件依赖于战场信息,即我方载机可以获取来袭目标的雷达信号、红外信号和遥感信号等多源数据信息。

综上,编队阵形和协同策略的选择对于拦截弹群成功执行任务至关重要。通过合适的编队阵形和协同策略,可以提高拦截目标的成功概率,减小目标逃脱和反制的机会。目前,有关导弹编队控制的研究还没有广泛展开,因此现有研究成果还很少[7-12]。文献[13]和[14]利用线性二次最优控制理论,为导弹编队阵形设计了最优队形控制器,保证在协同作战过程中的导弹编队能够实现阵形的快速形成与保持。文献[15]利用状态转换和系统增广,把导弹编队阵形控制器的设计问题转化为一个H_∞控制问题,求得满足H_∞要求的控制器,最终实现阵形的生成、跟踪和保持。文献[16]采用领弹-从弹策略进行编队飞行控制,基于自适应滑模控制原理对控制器进行设计,并且通过引入速度控制项的方法,解决了领弹速度过大的情况下,从弹无法准确跟踪的问题。

本章基于可达性分析,研究了末制导拦截编队阵形和协同策略。首先构造了多对一拦截的数学模型,基于几何可达性提出了飞行器运动的可达集概念,以可达集为基础,进一步得到了交会双方的等时间线这一关键几何要素,即交会双方使用最短路径制导策略可以同时到达的位置集合。由于传统线性化运动学不适用于描述高机动飞行过程,本章以等时间线为基础,将线性化运动学下的零控脱靶量拦截必要条件拓展到非线性运动学,并采用"分而治之"的思想,通过使拦截弹群可达集覆盖目标可达集,由此提出了一种协同拦截阵形,并在各弹的末制导律中设置了触发时间,实现对机动目标"车轮战"式的拦截效果,有效将拦截弹群的数量优势转化为拦截优势。数值仿真结果显示,本章所提末制导拦截方法能用劣势性能的导弹有效拦截高速高机动目标,且采用该制导方法的弹群可通过扩展规模提升拦截效果,同时对弹群中个体飞行性能的差异具有兼容性。

本章的结构安排如下:6.2节建立多对一拦截高速高机动目标的数学模型并介绍可达集的概念,推导交会过程的等时间线几何要素;6.3节推导非线性化运动学下的零控脱靶量拦截必要条件,并基于可达集覆盖理念提出一种协同末制导策略;6.4节对所提拦截方法进行数值仿真验证;6.5节对本章进行总结。

6.2　可达集分析

6.2.1　多对一拦截问题构造

考虑如图 6.1 所示的制导交会场景,有 n 个拦截弹和一个机动目标,所在惯性坐标系记为 $O_1\text{-}X_1Y_1$,下标 M 和 T 分别表示拦截弹和目标,r_i 为第 i 枚拦截弹和目标之间的视线距离,λ_i 为对应的视线角。

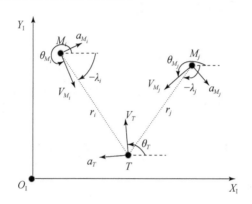

图 6.1　多对一拦截几何情形及相关变量定义

双方的运动方程及相关约束如下:

$$\dot{x}_i = V_i\cos\theta_i,\qquad \dot{y}_i = V_i\sin\theta_i,\qquad \dot{\theta}_i = \frac{a_i}{V_i} \tag{6-1}$$

$$|a_i| \leqslant a_{i,\max} \tag{6-2}$$

$$V_T > V_{M_i}$$
$$a_{T,\max} > a_{M_i,\max} \tag{6-3}$$

其中,下标 $i \in \{T, M_1, \cdots, M_n\}$,表示某一枚拦截弹或目标;$(x_i, y_i) \in \mathbf{R}^2$ 为对应的坐标;V_i 和 θ_i 是其速度和航向角;a_i 为垂直于其速度方向的加速度,加速度上限 $a_{i,\max}$ 决定了最小转弯半径,式(6-3)保证了目标的速度和机动能力均优于拦截弹。

为了简化后续的理论推导,对制导交会场景作了如下假设:

(1)目标和拦截弹均采用质点模型。

(2)所有的拦截弹具有相同的速度和机动能力,需要指出的是,本章所提制导方法也适用于具有个体性能差异的弹群,这一点将在 6.4.5 节中进行验证。

(3)导弹导引头和飞行控制系统的动态响应十分迅速,制导设计中可以忽略二者时间常数的影响。

（4）如果目标的实时航向角与初始航向角之差 $\Delta\theta_T$ 大于 $\Delta\theta_{T,\max}$（图 6.2），也视作拦截成功。这是因为目标在速度和机动能力方面具有优势，在弹目距离较远时，目标可以轻松通过 U 形转弯躲避追击，所以要对目标的逃逸范围作一定限制，否则只有形成全包围才能实现拦截[17]，这在机载防御场景中很难实现。

（5）拦截弹群在末制导初始时刻的队形可以通过中制导实现。

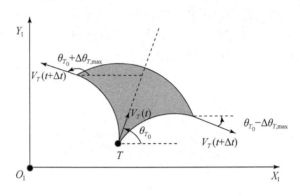

图 6.2　受限的目标逃逸区域示意图

6.2.2　可达集

式（6-1）所表示的运动学可以概括如下：

$$\dot{\boldsymbol{x}}_i(t) = f(t, \boldsymbol{x}_i(t), u_i(t)) \tag{6-4}$$

其中，$\boldsymbol{x}_i(t)$ 和 $u_i(t)$ 表示状态向量 $(x_i, y_i, \theta_i)^{\mathrm{T}}$ 和控制输入，则 $t+\Delta t$ 时刻的状态向量为

$$\boldsymbol{x}_i(t+\Delta t) = \boldsymbol{x}_i(t) + \int_t^{t+\Delta t} f(\tau, \boldsymbol{x}_i(\tau), u_i(\tau))\mathrm{d}\tau \tag{6-5}$$

从式（6-5）可以看出，式（6-3）中的约束对式（6-4）中的未来状态轨迹会产生限制作用。

定义[18]　按式（6-4）中的运动学方程，导弹或目标 i 在 $t+\Delta t$ 时刻的可达集定义为在初始位置 $\boldsymbol{x}_i(t)$ 下，在 $t+\Delta t$ 时刻可以到达的所有可能位置的集合，即

$$\mathrm{RS}_i(t, t+\Delta t \mid \boldsymbol{x}_i(t)) = \{\boldsymbol{x}_i(t+\Delta t) \mid \forall \boldsymbol{u}_i(t, t+\Delta t) \in \Phi\} \tag{6-6}$$

其中，$\boldsymbol{u}_i(t, t+\Delta t)$ 为时间范围 $[t, t+\Delta t]$ 内的连续控制指令；Φ 为在式（6-2）约束内的所有可行控制指令。

下面利用 Dubins 最短路径轨迹[19-21]来分析可达集。机器人领域有许多关于 Dubins 轨迹的研究，但在导弹制导领域的相关研究还比较少，路程最短的 Dubins 轨迹共分为三类：直线路径、以最小转弯半径转弯的路径、以最小转弯半径转弯的路径加直线路径。最短路程的 Dubins 轨迹等效于最短时间轨迹，与运动可达性紧

密相关,本章将使用最短路程 Dubins 轨迹的制导策略定义为最短时间制导(minimum time guidance,MTG)策略。

可达集的前沿(reachable set front,RSF)是一条由一段时间内可以达到的最远距离点组成的曲线,某一导弹或目标的可达集可以通过其左、右转弯半径圆的渐开线获得[19],如图 6.3 所示,这些渐开线由所有等长 Dubins 轨迹的终点组成,在图中用虚线表示。无论采用何种制导策略,其一定时间内的位置点总是位于对应的可达集内,如图中灰色区域所示。

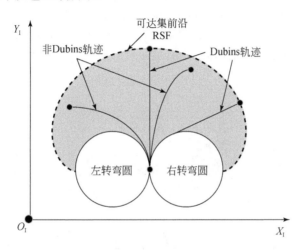

图 6.3　可达集与最小转弯半径圆的关系示意图

记某一导弹或目标 i 的可达集前沿为 RSF_i,其计算公式如下:

$$\text{RSF}_i(t,t+\Delta t\,|\,\boldsymbol{x}_i(t))=g(V_i,a_{i,\max},\boldsymbol{x}_i(t),\Delta t)=\text{RSF}_{i,\text{R}}\bigcup\text{RSF}_{i,\text{L}} \quad (6\text{-}7)$$

其中,$\text{RSF}_{i,\text{R}}$ 和 $\text{RSF}_{i,\text{L}}$ 分别为以航向为基准的 RSF_i 右半边和左半边,可以通过渐开线公式计算得到:

$$\text{RSF}_{i,\text{R}}=\left\{(x,y)\,\middle|\,x=x_{O_{i,\text{R}}}+r_{O_i}(-\sin(\theta_i-\varphi)+\varphi\cos(\theta_i-\varphi)),\right.$$
$$\left.y=y_{O_{i,\text{R}}}+r_{O_i}(-\cos(\theta_i-\varphi)+\varphi\sin(\theta_i-\varphi)),\varphi\in\left[0,\frac{V_i\Delta t}{r_{O_i}}\right]\right\} \quad (6\text{-}8)$$

$$\text{RSF}_{i,\text{L}}=\left\{(x,y)\,\middle|\,x=x_{O_{i,\text{L}}}+r_{O_i}(\sin(\theta_i+\varphi)-\varphi\cos(\theta_i+\varphi)),\right.$$
$$\left.y=y_{O_{i,\text{L}}}+r_{O_i}(-\cos(\theta_i+\varphi)+\varphi\sin(\theta_i+\varphi)),\varphi\in\left[0,\frac{V_i\Delta t}{r_{O_i}}\right]\right\} \quad (6\text{-}9)$$

其中,θ_i 为导弹或目标 i 的航向角;V_i 表示导弹或目标 i 的速度;φ 表示机动偏转角度参数;$(x_{O_{i,\mathrm{R}}}, y_{O_{i,\mathrm{R}}})$和$(x_{O_{i,\mathrm{L}}}, y_{O_{i,\mathrm{L}}})$为右、左最小半径转弯圆的圆心坐标,分别等于$(x_i+r_{O_i}\sin\theta_i, y_i-r_{O_i}\cos\theta_i)$和$(x_i-r_{O_i}\sin\theta_i, y_i+r_{O_i}\cos\theta_i)$;$r_{O_i}$为最小转弯半径,其值为$V_i^2/a_{i,\max}$。

6.2.3　等时间线

等时间线(equal-time line,ETL)定义为交战双方均采用 MTG 制导策略时可以同时到达的点所组成的一条连续边界,本节将引入等时间线来分析制导交会态势。等时间线上的点称为等时间点(equal-time point,ETP),可以通过计算双方可达集前沿的交点获得,在给定目标 T 和导弹 M_i 的初始位置和速度朝向情况下,当飞行时间从零开始递增,则存在某一时刻使双方的可达集相切,如图 6.4 所示。

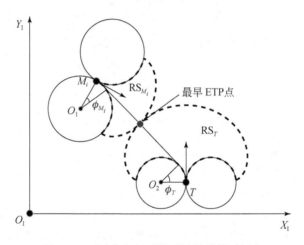

图 6.4　可达集相切时得到的最早等时间点

图 6.4 中,交会双方的可达集处于相切状态,切点用圆点标识,该点是理论上制导双方的最早交会点,也是最早的等时间点,同时该点还位于对应的两个最小转弯半径圆(在图示情况中即为导弹 M_i 的右转弯圆和目标 T 的左转弯圆,点 O_1 和 O_2 为两个最小转弯半径圆的圆心)的公切线上。与最早等时间点对应的最快拦截轨迹的总长度为

$$L_{\mathrm{EIT},i}=r_{M_i}\phi_{M_i}+r_T\phi_T+L_{\tan,i} \tag{6-10}$$

其中,r_{M_i} 和 r_T 为导弹 M_i 和目标 T 的最小转弯半径;其值分别等于 $V_{M_i}^2/a_{M_i,\max}$ 和 $V_T^2/a_{T,\max}$;ϕ_{M_i} 和 ϕ_T 为转弯轨迹对应在最小转弯半径圆中的圆心角;$L_{\tan,i}$ 为两个转弯圆的公切线长度,$L_{\tan,i}$ 的值随两圆内切或外切而不同,计算公式为

$$L_{\tan,i}=\begin{cases}\sqrt{(x_{O_1}-x_{O_2})^2+(y_{O_1}-y_{O_2})^2+(r_1+r_2)^2}, & \text{内切情形}\\ \sqrt{(x_{O_1}-x_{O_2})^2+(y_{O_1}-y_{O_2})^2+(r_1-r_2)^2}, & \text{外切情形}\end{cases} \tag{6-11}$$

其中,(x_{O_1},y_{O_1}) 和 (x_{O_2},y_{O_2}) 为点 O_1 和 O_2 的坐标;r_1 和 r_2 为对应的转弯半径。导弹 M_i 的最早拦截时间记为 $t_{\mathrm{EIT},i}$,由总轨迹长度 $L_{\mathrm{EIT},i}$ 和交会双方速度之和 $V_{M_i}+V_T$ 计算得到,而最早的等时间点就是双方 $t_{\mathrm{EIT},i}$ 时刻对应的可达集切点。

图 6.4 中最早拦截轨迹是一种理想情况,需要交会双方均采取 MTG 制导策略并朝向同一个 ETP 点运动,尽管看起来有些不符合制导双方博弈对抗的情况,但这是理论上实现最快拦截的理想情况,并且为 ETL 的计算提供了起始时间点。从该起始时刻起,ETL 可以通过双方的等时 RSF 交点来建立,如下所示:

$$\mathrm{ETL}_i(t)=\{(x,y)\mid g(V_{M_i},a_{M_i,\max},\boldsymbol{x}_{M_i}(t),\Delta t)=g(V_T,a_{T,\max},\boldsymbol{x}_T(t),\Delta t),\Delta t\geqslant t_{\mathrm{EIT},i}\}$$

$$(6\text{-}12)$$

通过式(6-12)计算得到的一个 ETL 示例如图 6.5 所示,图的顶部给出了制导过程的参数设定,零控轨迹(即制导指令 $a_{M_i}=0$ 形成的飞行轨迹)与 ETL 的交点用三角符号标识,称作零控 ETP,从图中可以看出 ETL 朝着飞行性能较差的一方弯曲。

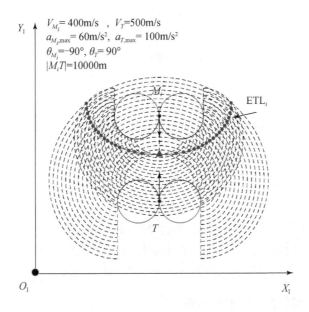

图 6.5　ETL 示例图

ETL 随着制导几何态势的变化有两个重要性质。

性质 1　当交会双方处于碰撞轨迹时,ETL 保持相对稳定。这是因为双方处于碰撞轨迹时,交会过程的几何态势保持不变,拦截点与零控 ETP 二者重合且保持不变,使得 ETL 在重合点附近保持稳定,如图 6.6 所示。如果飞行时间减少,则双方的可达集均为先前可达集的子集,ETL 趋于直线并在最终交会时收敛于拦截点。

性质 2　在弹目距离较远时,飞行航向角的变化对 ETL 线的形状影响很小。因为在弹目距离较远时,剩余飞行时间较长,且由于 $\varphi \in [0, V_i \Delta t / r_{O_i}]$,式(6-8)和式(6-9)中 φ 的值与其他变量的值相比很大,所以在给定最小转弯半径和转弯圆心下,RSF 主要由 φ 而不是 θ_i 决定。

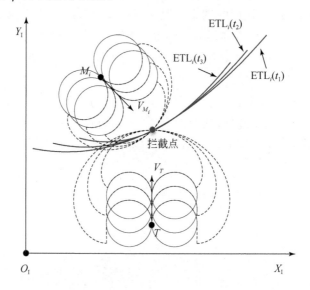

图 6.6　沿碰撞轨迹飞行时 ETL 随时间变化的过程($t_1 < t_2 < t_3$)

6.3　初始态势与协同策略设计

为了应对速度和机动能力均处于优势的目标,多弹协同拦截可能是唯一有效的方法。本章协同制导律设计的核心策略是用多枚拦截弹的可达集合集覆盖目标的可达集,从而形成优势拦截态势,保障协同拦截的可行性。

6.3.1　零控脱靶量拦截的必要条件

本节基于可达性分析给出了实现零控脱靶量拦截的普适必要条件。

文献[15]、[22]给出了在线性化运动学下实现零控脱靶量拦截的必要条件。线性化运动学包含两个假设,一是弹目航向角 θ_{M_i} 和 θ_T 与碰撞轨迹的偏差很小,二是末制导拦截过程的持续时间很短,这两个假设是许多末制导律研究文献[15,22]所采用的常见假设。线性化的基准线是末制导初始时刻各弹与目标之间的视线,记为 LOS_{i0},对应的视线角记为 q_{i0},设 y_i 为弹目视线在垂直于 LOS_{i0} 方向上的分量,

则 y_i 的二阶导数如下：

$$\ddot{y}_i = -a_T\cos(\theta_T - q_{i0}) - a_{M_i}\cos(\theta_{M_i} - q_{i0}) \qquad (6\text{-}13)$$

根据线性化运动假设，导弹 M_i 的零控脱靶量 ZEM_i 可以表示为

$$\mathrm{ZEM}_i = y_i(t) + \dot{y}_i(t)t_{\mathrm{go},i} + \int_t^{t_{f,i}} a_T t_{\mathrm{go},i}\,\mathrm{d}t \qquad (6\text{-}14)$$

导弹 M_i 的最大侧向位移为 $0.5a_{M_i,\max}t_{\mathrm{go},i}^2$，在此基础上的零控脱靶量拦截的必要条件为：拦截弹的 ZEM 分布处于其横向机动包线范围内。该必要条件如图 6.7 所示，并可概括为

$$|\mathrm{ZEM}_{M_i}| \leqslant a_{M_i,\max}t_{\mathrm{go},i}^2/2 \qquad (6\text{-}15)$$

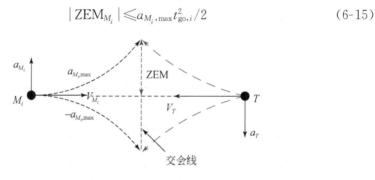

图 6.7　线性化运动学下的 ZEM 与交会线

然而，式(6-15)是基于线性化运动学的[23-25]，即假设交会双方与碰撞轨迹的偏离很小，因此双方的加速度方向可视作垂直于初始视线 LOS，且剩余飞行时间 t_{go} 固定，所以在图 6.7 所示的零控脱靶量分析中交会线是固定的。然而，当交会双方进行大机动飞行或剩余飞行时间 t_{go} 较长时，线性化运动学假设和式(6-15)不成立。

在以上分析基础上，可以从可达集的角度提出一种更为普适的零控脱靶量拦截的必要条件：假如目标在一定时间段内可以到达的所有位置均被拦截弹的可达集所覆盖，则至少存在一条轨迹使导弹成功拦截目标。因此，协同制导律的目标是要使拦截弹可达集的合集尽可能覆盖目标的可达集，数学表达如下所示：

$$\mathrm{RSF}_T(t, t+\Delta t \mid \boldsymbol{x}_T(t)) \setminus \bigcup_{i=1}^n \mathrm{RS}_{M_i}(t, t+\Delta t \mid \boldsymbol{x}_{M_i}(t)) = \varnothing \qquad (6\text{-}16)$$

根据 6.2.1 节中的假设(4)，目标航向角的变化范围被限制为 $[-\Delta\theta_{T,\max},$ $\Delta\theta_{T,\max}]$，如果式(6-16)在 t 时刻得到满足，即拦截弹可达集的合集完全覆盖了目标的可达集，则交会态势的几何情形如图 6.8 的左半部分所示。该情形下高难度的拦截任务被分解为 n 个子任务，并分配给拦截弹 $M_1, M_2, \cdots, M_n$。以拦截弹 M_i 为例，该弹负责在目标进入其可达集 RS_{M_i} 时对目标进行拦截。图 6.8 的右半部分展示了对应的零控脱靶量分析，因为目标可达集 $\mathrm{RSF}_T(t, t+\Delta t \mid x_T(t))$ 中分配给 M_i

的部分已被 $\mathrm{RS}_{M_i}(t,t+\Delta t\,|\,\boldsymbol{x}_{M_i}(t))$ 完全覆盖,所以交会时刻可能的零控脱靶量处于 M_i 的最大机动包线之内,即目标可以被 M_i 拦截,同样地,当目标进入其他拦截弹的可达集时,其他拦截弹也可对其进行拦截。

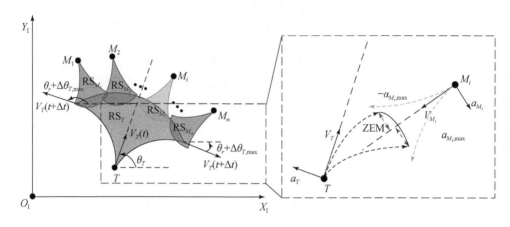

图 6.8　末制导协同拦截的几何态势分析

在协同制导律的设计中需要解决两个问题:一是如何构建拦截编队阵形使得式(6-16)中的条件得以满足,由于目标在速度和机动能力方面均处于优势,其可达集的扩展速度比拦截弹更快,当剩余飞行时间 t_{go} 较大时,拦截弹群的可达集很难完全覆盖目标可达集,因此式(6-16)中的时间项 Δt 十分重要但又难以确定;二是如何在式(6-16)成立的基础上最终实现成功拦截,需要注意的是,拦截弹在目标进入其可达集之前可能会对目标运动做出反应,相应的运动过程可能会破坏式(6-16)的成立性。

6.3.2　改进的零控脱靶量拦截必要条件

本节进行了非线性运动学下的零控脱靶量(ZEM)分析,并针对 6.3.1 节末尾提出的两个问题,给出了改进型零控脱靶量拦截的必要条件。

在线性运动学所需假设不成立的情形中,必须进行非线性运动学分析,在零控脱靶量分析中需要定义一条新的交会线。因为剩余飞行时间 t_{go} 会随着交会双方的航向角变化,所以交会线不再是一条直线。此外,由于等时间线(ETL)的特殊性质,交会双方可以通过 MTG 制导同时到达,因此本章采用 ETL 作为新的交会线,以这条新交会线为基准的零控脱靶量记为 ZEM',ZEM' 正方向的定义与 LOS 角相同,如图 6.9 所示。ETL 是直线交会线的一种拓展形式,因为根据性质 1,当剩余飞行时间 t_{go} 较小时,ETL 趋于一条直线,这与线性运动学下的交会过程吻合。

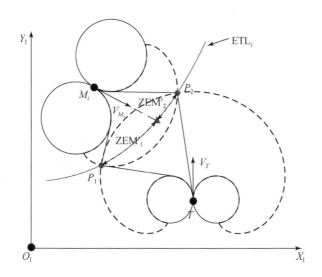

图 6.9 非线性运动学下的 ZEM 与 ETL 分析

在图 6.9 中,目标分别使用 MTG 制导律飞往等时间线 ETL_i 上的点 P_1 和 P_2,按目标当前航向角投影到 ETL_i,会得到预测拦截点,此时导弹 M_i 也采用相同的制导策略飞往 ETL_i 上的预测拦截点。从图中的轨迹可以看出,在交会末段双方进入了碰撞轨迹,并且整个交会过程并未发生拦截弹过载饱和现象,对应的零控脱靶量分别为点 P_1、P_2 与零控 ETP 点沿等时间线 ETL_i 的长度,分别记为 ZEM_1'和 $-ZEM_2'$,且弹目之间形成了碰撞轨迹,目标被成功拦截,因此 ZEM_1'和 $-ZEM_2'$都是可消除的零控脱靶量。由于 MTG 制导策略对应着最远的可达集前沿,因此当目标采用 MTG 以外的制导策略时,目标的可达集前沿 RSF 将发生一定程度的回撤,导致拦截弹 M_i 在交会过程中将比目标更早到达 ETL_i,拦截弹会有更多的时间来应对目标,这将有利于实现成功拦截。

根据以上分析,目标在跨越 ETL 之前具备被拦截可行性,所以 ETL 可以看作一条有效的拦截态势评估线,此外从图 6.9 中可以看到目标可达集前沿 RSF_T 中对应可消除 ZEM' 的那部分被导弹可达集 RS_{M_i} 所覆盖,满足式(6-16)中的零控脱靶量拦截必要条件,因此改进后的非线性运动学下零控脱靶量拦截必要条件可以表述为:如果目标飞向 ETL 上的任意位置,所引起的零控脱靶量 ZEM' 是可消除的,可以实现目标拦截。值得注意的是,由于 ETL 中隐含了一系列飞行时间,因此上述改进的拦截必要条件还避免了显式确定式(6-16)中时间项数值的问题。

6.3.3 基于可达性的协同拦截策略

本节基于可达性分析提出了一种满足式(6-16)并实现成功拦截的协同制导策

略,解决了本章开始提出的两个问题。

　　由于拦截弹在速度和机动能力方面的劣势,ETL 朝拦截弹方向弯曲,这也限制了单个拦截弹在面对高速高机动目标时的有效拦截区域,因此需要以 ETL 为依据进行拦截阵形设计,通过多弹协同扩大拦截区域。基本思路为:将拦截弹群中各弹的 ETL 联结,组成联合拦截线来扩大拦截区域,这也是将弹群数量优势转化为拦截优势的核心。

　　在拦截弹群编队阵形和协同制导律的设计中,需要充分考虑联合拦截线的连续性和有效性,否则目标依然存在以固定轨迹成功突防的可能。为了保证联合拦截线的连续性,弹群中相邻各弹的 ETL 必须相交,否则联合拦截线会存在空隙,目标轨迹如果从该空隙中穿过则无法拦截。保证联合拦截线连续性的必要条件为下(图 6.10 描绘了该必要条件)

$$ETL_i \bigcap ETL_{i+1} \neq \varnothing,\ i = 1,2,\cdots,n \tag{6-17}$$

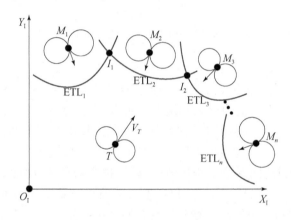

图 6.10　期望的联合拦截阵线

　　图 6.10 中 ETL_i 和 ETL_{i-1} 的交点记为 I_i,联合拦截线是由各条 ETL 的有效部分组成,有效部分为 ETL 上所有可能的拦截点合集,记为 ETL^*,并由交点 $I_i(i = 1,\cdots,n)$ 从各条 ETL 上截取获得,例如 ETL_2^* 等于 ETL_2 上由点 I_1 和 I_2 截取的曲线段。

　　可达集分析是以最短路程 Dubins 轨迹为基础的,为了保证基于可达集分析的联合拦截线的有效性,拦截弹的轨迹应类似于 Dubins 轨迹,末制导律应与 MTG 制导类似,受文献[22]、[26]、[27]中设计的微分对策制导律(differential-game guidance law,DGL)启发,基于 BangBang 控制的制导律所导引的飞行轨迹由最小转弯半径圆弧和直线构成,满足 Dubins 轨迹要求,因此本章的协同拦截末制导律设计为

$$a_{M_i} = \begin{cases} a_{M_i,\max} \operatorname{sgn}(\mathrm{ZEM}_i^*), & t \geqslant t_i \\ 0, & \text{其他} \end{cases} \tag{6-18}$$

其中,t_i 为触发时间,是实现协同的关键要素。式(6-18)表明,该制导律所形成的轨迹是由直线和最小转弯半径圆弧组成的,即上述制导律的轨迹属于 Dubins 轨迹。如果目标使用 MTG 制导律飞往 ETL_i 上的任意位置,制导律(6-18)将等同于MTG,如果目标采用其他制导律飞行,则制导律(6-18)将以最大能力机动来形成碰撞轨迹。

各条 ETL 的交点 I_i 和触发时间 t_i 决定了拦截编队形状,并对拦截性能有重要影响,需要仔细设计。

考虑使用奇数枚拦截弹 $M_1, \cdots, M_n$ 拦截机动目标 T,在中末制导交班时刻 t_0,位于正中间的导弹 $M_{\frac{n+1}{2}}$ 与目标处于迎头碰撞轨迹,二者相对距离为 $r_{\frac{n+1}{2}}(t_0)$,$\mathrm{ETL}_{M_{\frac{n+1}{2}}}$ 对目标航向角的覆盖范围为 $[-\Delta\theta_{T_C}, \Delta\theta_{T_C}]$,如图 6.11 所示。

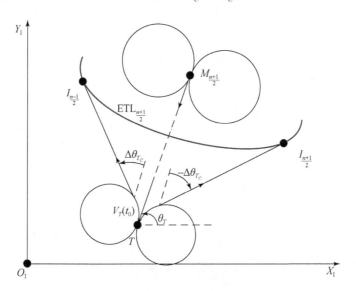

图 6.11　ETL 对目标航向的拦截覆盖范围

中末交班时刻的协同编队包含两方面内容:一是弹群 $M_1, \cdots, M_{\frac{n-1}{2}}$ 与目标之间的相对位置;二是弹群 $M_{\frac{n+3}{2}}, \cdots, M_n$ 的航向角。为实现良好的协同拦截效果,协同编队的左半边和右半边阵形中各弹对应的位置和航向角设定由式(6-19)和式(6-20)给出,即

$$
\begin{cases}
\begin{aligned}
\boldsymbol{P}_{M_i}(t_0) = &\ \boldsymbol{P}_T\!\left(t_0 + \left(\frac{n+1}{2}-i\right)\Delta t\right) + \boldsymbol{v}_T\!\left(t_0 + \left(\frac{n+1}{2}-i\right)\Delta t\right) \\
& \cdot \left[r_{\frac{n+1}{2}}(t_0) + \left(\frac{n+1}{2}-i\right)V_M\Delta t\right]
\end{aligned} \\[4pt]
\boldsymbol{v}_T\!\left(t_0 + \left(\frac{n+1}{2}-i\right)\Delta t\right) =
\begin{cases}
\cos\!\left(\theta_T + \left(\frac{n+1}{2}-i\right)\Delta\theta_{T_C}\right) \\
\sin\!\left(\theta_T + \left(\frac{n+1}{2}-i\right)\Delta\theta_{T_C}\right)
\end{cases}^{\mathrm{T}} \\[6pt]
\boldsymbol{P}_T\!\left(t_0 + \left(\frac{n+1}{2}-i\right)\Delta t\right) =
\begin{cases}
x_{O_{T,L}} + r_{O_T}\sin\!\left(\theta_T + \left(\frac{n+1}{2}-i\right)\Delta\theta_{T_C}\right) \\
y_{O_{T,L}} - r_{O_T}\cos\!\left(\theta_T + \left(\frac{n+1}{2}-i\right)\Delta\theta_{T_C}\right)
\end{cases}^{\mathrm{T}} \\[6pt]
\theta_{M_i}(t_0) = \theta_T + \left(\frac{n+1}{2}-i\right)\Delta\theta_{T_C} - \pi
\end{cases}
\tag{6-19}
$$

$$
\begin{cases}
\begin{aligned}
\boldsymbol{P}_{M_i}(t_0) = &\ \boldsymbol{P}_T\!\left(t_0 + \left(i-\frac{n+1}{2}\right)\Delta t\right) + \boldsymbol{v}_T\!\left(t_0 + \left(i-\frac{n+1}{2}\right)\Delta t\right) \\
& \cdot \left[r_{\frac{n+1}{2}}(t_0) + \left(i-\frac{n+1}{2}\right)V_M\Delta t\right]
\end{aligned} \\[4pt]
\boldsymbol{v}_T\!\left(t_0 + \left(i-\frac{n+1}{2}\right)\Delta t\right) =
\begin{cases}
\cos\!\left(\theta_T - \left(i-\frac{n+1}{2}\right)\Delta\theta_{T_C}\right) \\
\sin\!\left(\theta_T - \left(i-\frac{n+1}{2}\right)\Delta\theta_{T_C}\right)
\end{cases}^{\mathrm{T}} \\[6pt]
\boldsymbol{P}_T\!\left(t_0 + \left(i-\frac{n+1}{2}\right)\Delta t\right) =
\begin{cases}
x_{O_{T,R}} - r_{O_T}\sin\!\left(\theta_T - \left(i-\frac{n+1}{2}\right)\Delta\theta_{T_C}\right) \\
y_{O_{T,R}} + r_{O_T}\cos\!\left(\theta_T - \left(i-\frac{n+1}{2}\right)\Delta\theta_{T_C}\right)
\end{cases}^{\mathrm{T}} \\[6pt]
\theta_{M_i}(t_0) = \theta_T - \left(i-\frac{n+1}{2}\right)\Delta\theta_{T_C} - \pi
\end{cases}
\tag{6-20}
$$

其中, i 为导弹编号; Δt 为目标 T 逃逸出拦截弹 M_i 覆盖范围所花费的时间,其值为

$$
\Delta t = \frac{V_T\Delta\theta_{T_C}}{a_{T,\max}}
\tag{6-21}
$$

式(6-18)中的触发时间为

$$
t_i = t_0 + \frac{V_T\Delta\theta_{T_C}\left|i-\dfrac{n+1}{2}\right|}{a_{T,\max}} + t_{T,\mathrm{man}}, \quad i=1,2,\cdots,n
\tag{6-22}
$$

其中, $t_{T,\mathrm{man}}$ 为目标开始机动时刻与 t_0 时刻的间隔。

证明　根据以上的制导策略,位于正中间的导弹 $M_{\frac{n+1}{2}}$ 在 t_0 时刻第一个被触发,触发后导弹 $M_{\frac{n+1}{2}}$ 按式(6-18)中制导律,充分利用自身机动能力形成碰撞轨迹。

$\pm\Delta\theta_{T_C}$ 决定了交点 $I_{\frac{n-1}{2}}$ 和 $I_{\frac{n+1}{2}}$ 的位置，同时 $I_{\frac{n-1}{2}}$ 和 $I_{\frac{n+1}{2}}$ 又从 ETL$_{\frac{n+1}{2}}$ 上截取出 ETL$_{\frac{n+1}{2}}^*$，根据改进的零控脱靶量拦截必要条件可知，当目标飞往 ETL$_{\frac{n+1}{2}}^*$ 上的任意位置时，目标可被拦截，因此目标的最佳策略之一是借助其优势机动能力摆脱 ETL$_{\frac{n+1}{2}}^*$ 的覆盖范围，按照目标最大转弯速率 $a_{T,\max}/V_T$ 和覆盖角度 $\Delta\theta_{T_C}$ 计算，目标逃逸 ETL$_{\frac{n+1}{2}}^*$ 覆盖范围所需时间为 $\Delta t = V_T\Delta\theta_{T_C}/a_{T,\max}$。

假如目标按最大转弯速率向左机动，按照式(6-19)所述拦截队形、式(6-18)所述制导律和式(6-22)所述触发时间，$t_0+\Delta t$ 时刻的交会态势将如图 6.12 所示，数学表达为

$$
\begin{cases}
\boldsymbol{P}_{M_{\frac{n-1}{2}}}(t_0+\Delta t)=\boldsymbol{P}_T(t_0+\Delta t)+\boldsymbol{v}_T(t_0+\Delta t)r_{\frac{n+1}{2}}(t_0)\\
\boldsymbol{v}_T(t_0+\Delta t)=\begin{bmatrix}\cos(\theta_T+\Delta\theta_T)\\ \sin(\theta_T+\Delta\theta_T)\end{bmatrix}^{\mathrm{T}}\\
\boldsymbol{P}_T(t_0+\Delta t)=\begin{bmatrix}x_{O_{T,L}}-r_{O_T}\sin(\Delta\theta_T-\theta_T)\\ y_{O_{T,L}}+r_{O_T}\cos(\Delta\theta_T-\theta_T)\end{bmatrix}^{\mathrm{T}}\\
\theta_{M_i}(t_0)=\theta_T+\Delta\theta_{T_C}-\pi
\end{cases}
\tag{6-23}
$$

从式(6-23)和图 6.12 中可以分析出，拦截弹 $M_{\frac{n-1}{2}}$ 和目标 T 在 $t_0+\Delta t$ 时刻处于迎头碰撞态势，且 $t_0+\Delta t$ 时刻二者的相对位置 $r_{\frac{n-1}{2}}(t_0+\Delta t)$ 和 t_0 时刻二者的相对位置 $r_{\frac{n+1}{2}}(t_0)$ 相等，因此 $M_{\frac{n-1}{2}}$ 和 T 在 $t_0+\Delta t$ 时刻的交会态势与 $M_{\frac{n+1}{2}}$ 和 T 在 t_0 时刻的交会态势相同，目标必须继续向左机动来避免被 $M_{\frac{n-1}{2}}$ 和 $M_{\frac{n+1}{2}}$ 拦截。如此递

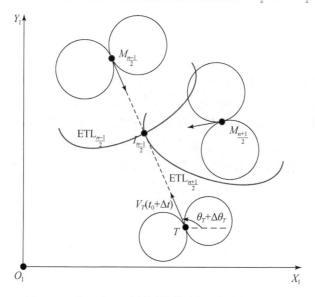

图 6.12　在 $t_0+\Delta t$ 时刻拦截弹群与目标之间的 ETL

归下去,同样的迎头交会态势会发生在 $t_0+j\Delta t$ 时刻的目标 T 和拦截弹 $M_{\frac{n+1}{2}-j}$ 之间,$j=2,\cdots,(n+1)/2-1$。需要强调的是,时间项 Δt 对于保持联合拦截线的有效性十分重要。

同样地,按照式(6-20)所述拦截编队、式(6-18)所述制导律和式(6-22)所述触发时间,如果目标用最大转弯速率向右机动,相同的交会过程会发生在导弹 $M_{\frac{n+3}{2}}$,$\cdots$,M_n 和目标 T 之间。为了覆盖目标按航向角衡量的整个机动范围,所需的拦截弹数量为

$$n=2\left\lceil\frac{\Delta\theta_{T,\max}}{\Delta\theta_{T_C}}\right\rceil-1 \qquad (6\text{-}24)$$

其中,符号⌈•⌉为向上取整。

无论各个拦截弹的性能如何,均可以用于覆盖目标的机动范围,因此本章所提制导策略可以用于由不同性能导弹所组成的拦截弹群,具有较广的应用范围。

6.4　仿真结果与分析

本节通过仿真案例展示本章所提的基于可达集的协同制导策略(reachability-based cooperative strategy,RCS)的优异性能。6.4.1 节给出仿真参数的设定;6.4.2 节和 6.4.3 节展示 RCS 制导、APN 制导[23]、DGL 制导[26]和预规划覆盖策略制导(PCS)[22]应对常值机动、随机阶跃机动目标的拦截仿真结果对比;6.4.4 节和 6.4.5 节通过仿真案例验证本章所提制导方法的弹群可拓展性和对弹群个体飞行性能差异的适应性。

6.4.1　仿真参数设定

所有拦截弹的飞行速度均为 400m/s,最大机动能力为 60m/s²,目标的速度和机动能力分别为 500m/s 和 100m/s²,因此导弹 $M_{\frac{n+1}{2}}$ 与目标之间的 ETL 与图 6.5 中的一致,$ETL_{M_{\frac{n+1}{2}}}$ 对目标航向角的覆盖范围约为 $[-40°,40°]$,设目标航向角累计变化范围的上限为 $\Delta\theta_{T,\max}=80°$。根据式(6-24)可得,至少需要 3 枚导弹才能拦截目标。设导弹自动驾驶仪具有一阶滞后环节,时间常数为 0.2s,中末制导交班时刻 t_0 为 0s,目标初始位置置于 $(0\text{m},0\text{m})$,其初始航向角为 $90°$,位于正中间的导弹 $M_{\frac{n+1}{2}}$ 的初始位置为 $(0\text{m},10000\text{m})$。在考虑导弹战斗部毁伤范围的情况下,若交会终端时刻脱靶量小于 10m 则视为拦截成功。

下面将对 APN 制导、DGL 制导和 PCS 制导进行仿真对比,这些制导律的表达式为

$$\begin{cases} \text{APN}: a_{M_i}(t) = N \dfrac{\text{ZEM}_i(t)}{t_{\text{go},i}^2} + \dfrac{N \hat{a}_t(t)}{2} \\[2mm] \text{DGL}: a_{M_i}(t) = \text{sgn}(\text{ZEM}_i(t)) \\[2mm] \text{PCS}: a_{M_i}(t) = a_{M_i,\max} \text{sgn}(\text{ZEM}_i'' - \text{ZEM}_{i,\exp}'') \\[2mm] \text{ZEM}_i(t) = y_i(t) + \dot{y}_i(t) t_{\text{go},i} + \dfrac{\hat{a}_t(t) t_{\text{go},i}^2}{2} \\[2mm] \text{ZEM}_i''(t) = y_i(t) + \dot{y}_i(t) t_{\text{go},i} \end{cases} \tag{6-25}$$

其中，$\hat{a}_t(t)$ 为估计的目标加速度，在此设置为目标的真实加速度；$y_i(t)$ 为距离运动线性化基准线 LOS 的距离；制导系数 N 设为 3；$\text{ZEM}_{i,\exp}''$ 为期望的 ZEM_i''，其值根据分配到拦截弹 M_i 的目标机动覆盖范围计算得到[22]，即

$$\text{ZEM}_{i,\exp}'' = -\frac{a_{T_i,\text{up}} + a_{T_i,\text{low}}}{2} t_{\text{go},i}^2 \tag{6-26}$$

其中，$a_{T_i,\text{up}}$ 和 $a_{T_i,\text{low}}$ 为分配到 M_i 的目标机动覆盖范围的上限和下限。

设目标进行式(6-27)所示的机动飞行，即

$$a_T = \mu a_{T,\max} F(t - \tau) \tag{6-27}$$

其中，$\mu \in [-1, 1]$ 表示机动幅度，μ 的符号代表机动方向；$F(t - \tau)$ 为从 τ 时刻开始的单位阶跃函数。

6.4.2　拦截常值机动目标

设目标在末制导初始时刻 t_0 进行式(6-27)所述机动飞行，式中的机动幅度分别取为 $\mu = 1$ 和 $\mu = -0.8$，并分别记为案例 1 和案例 2。由于目标的航向角范围被限制为 80°，根据式(6-21)常值机动飞行的时间设定为 6.98s，目标加速度曲线如图 6.13 所示。

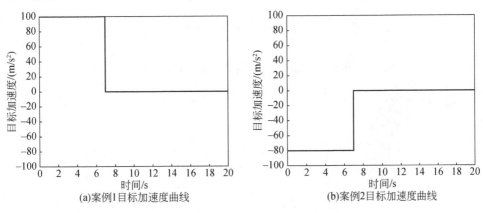

图 6.13　案例 1 和案例 2 中目标加速度曲线

令 3 枚导弹 M_1、M_2 和 M_3 均采用本章所提 RCS 制导策略拦截目标,根据式(6-19)和式(6-20)所述的拦截编队,M_1 和 M_3 的初始位置分别为(−7910.3m,10337.0m)和(7910.3m,10337.0m),初始航向角分别为−50°和−130°。图 6.14 给出了 3 枚拦截弹和目标在拦截过程中的飞行轨迹,以及交会双方的最小转弯半径圆、ETL。ETL 共有三条:位于中间的是 $ETL_2(0)$,位于左边的是案例 1 中的 $ETL_1(3.49)$,位于右边的是案例 2 中的 $ETL_3(3.49)$。图 6.15 和图 6.16 分别给出了案例 1 和案例 2 拦截过程中弹群的加速度指令曲线、实际加速度曲线、LOS 角速率曲线和 LOS 角变化曲线,图中曲线表明在案例 1 和案例 2 中,拦截弹 M_1 和 M_3 在 RCS 制导策略的导引下,在交会末段均与目标形成了碰撞轨迹。无论目标朝左还是朝右机动,它将在 $t=3.49$s 时刻面对一条新的 ETL 拦截线,并在这条拦截线上被 M_1 拦截(案例 1),或在这条拦截线附近被 M_3 拦截(案例 2),这是因为目标的飞行轨迹属于 Dubins 轨迹,在 RCS 制导设计过程的可达性分析中予以了充分考虑。

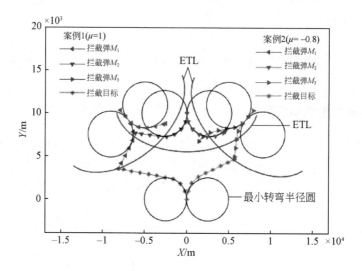

图 6.14　案例 1 和案例 2 中采用 RCS 协同制导的弹群飞行轨迹

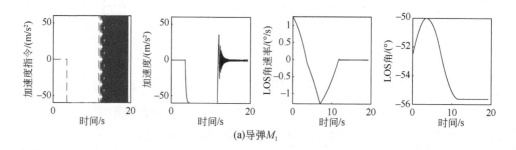

(a)导弹M_1

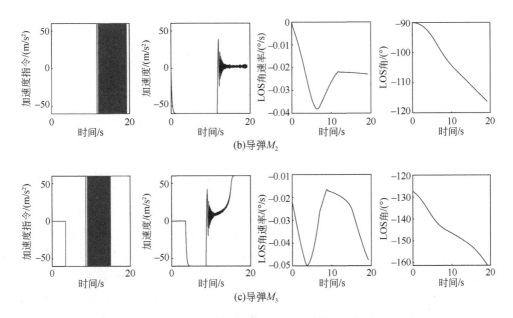

图 6.15　案例 1 中导弹加速度指令、实际加速度、LOS 角速率和 LOS 角随时间变化曲线

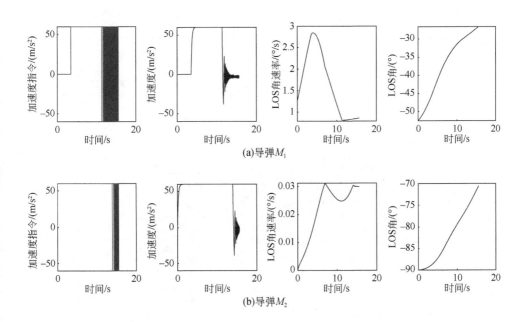

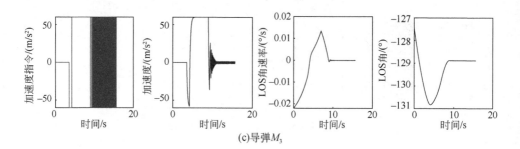

(c)导弹M_3

图6.16　案例2中导弹加速度指令、实际加速度、LOS角速率和LOS角随时间变化曲线

　　下面分析末制导律对拦截性能的影响。案例3和案例4中的初始情况设定分别与案例1和案例2中的相同,即弹群初始编队和目标机动飞行设定相同,不同之处在于将拦截制导律从RCS切换为DGL(案例3)和APN(案例4)。图6.17展示了弹群和目标在拦截过程中的飞行轨迹,相应的ETL见图中标记曲线,从左到右分别为$ETL_1(0)$、$ETL_2(0)$和$ETL_3(0)$。图6.18和图6.19分别给出了案例3和案例4中拦截弹群随时间变化的加速度指令曲线、实际加速度曲线、LOS角速率和LOS角变化曲线。图中曲线表明,交会过程的末段拦截弹与目标之间并未形成碰撞轨迹,交会时刻脱靶量较大,目标在案例3和案例4中均成功逃逸,这是因为拦截弹M_1和M_3受到目标t_0时刻之后的机动飞行影响,导致M_1和M_3的飞行轨

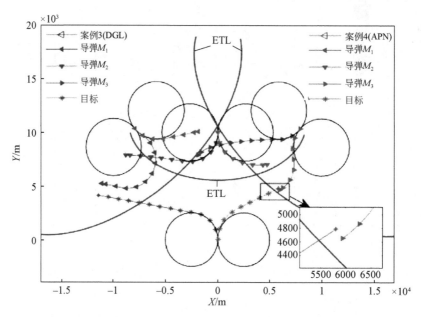

图6.17　案例3和案例4中采用RCS协同制导的弹群飞行轨迹

迹不再是 Dubins 轨迹,这也破坏了 $ETL_1(0)$ 和 $ETL_3(0)$ 的有效性,而期望的拦截线 $ETL_1(3.49)$ 和 $ETL_3(3.49)$ 没能成功建立。综上,拦截弹个体的末制导律,尤其是制导律中的触发时间,对保证基于 ETL 的联合拦截态势评估线的有效性和最终拦截性能至关重要。

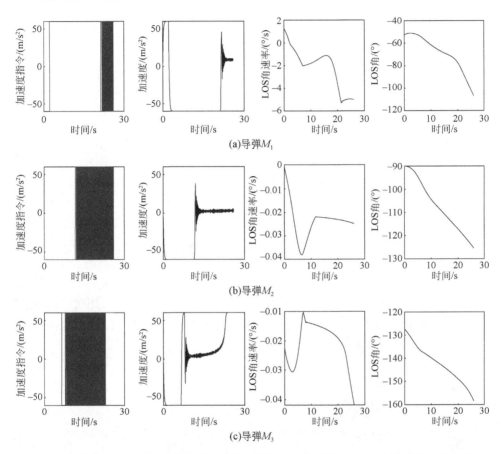

图 6.18　案例 3 中导弹加速度指令、实际加速度、LOS 角速率和 LOS 角随时间变化曲线

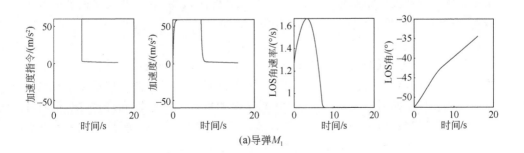

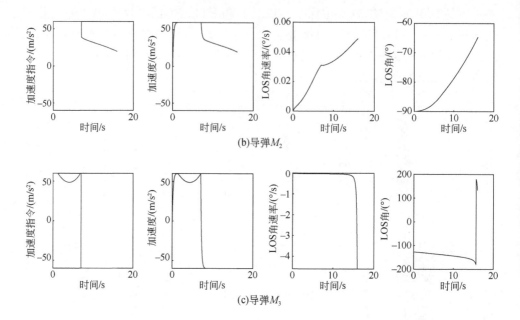

图 6.19　案例 4 中导弹加速度指令、实际加速度、LOS 角速率和 LOS 角随时间变化曲线

案例 5 进一步探究了编队阵形对拦截性能的影响。令弹群采用 PCS 制导策略拦截目标,目标执行与案例 1 中相同的机动飞行。为与文献[22]中的情况保持一致,弹群的初始位置置于距离目标 5000m 处,并与目标呈迎头碰撞态势,拦截弹的数量需满足如下条件:

$$n \geqslant \lceil a_{T,\max}/a_{M,\max} \rceil \tag{6-28}$$

按式(6-28)的要求,3 枚拦截弹 M_1、M_2 和 M_3 足够拦截目标 T。此外,文献[22]还提出了实现成功拦截的必要条件,即

$$|\mathrm{ZEM}_i(t)| \leqslant \frac{a_{M_i,\max} t_{\mathrm{go},i}^2}{2}, \forall |a_T(t)| \leqslant a_{T,\max}, t_0 \leqslant t \leqslant t_{f,i} \tag{6-29}$$

其中,$t_{f,i}$ 为末制导结束时刻。式(6-29)在面对性能优势较大的目标时难以成立,因此需要将导弹速度向量偏转一定角度来扩大其横向机动包线,此处设偏转处理后的 M_1 和 M_2 速度向量为:$v_{M_1} = (-245.05\mathrm{m/s}, -316.1\mathrm{m/s})$、$v_{M_3} = (245.05\mathrm{m/s}, -316.1\mathrm{m/s})$。

案例 5 拦截过程的飞行轨迹如图 6.20 所示,图中轨迹表明目标拦截失败。这是因为 PCS 制导策略设计过程[22]中所采用的线性化运动学假设仅适用于交会双方飞行轨迹与初始碰撞轨迹偏离较小(即导弹和目标机动性较低)的情况,而在案例 5 中拦截弹和目标由于大机动飞行,二者飞行轨迹偏离初始碰撞轨迹较大,该情况下线性化运动学假设不再成立,最终导致了目标拦截失败。

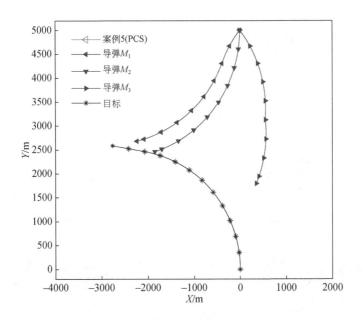

图 6.20　案例 5 中采用 PCS 制导的弹群协同拦截轨迹

从以上 5 个案例的分析可以看出,弹群的拦截编队阵形和各弹的协同制导律对最终的拦截效果均有重要影响。相比于现有制导律 APN、DGL 和 PCS,本章提出的 RCS 制导策略在应对常值机动目标时具有更好的拦截性能。

6.4.3　拦截随机阶跃机动目标

先前的案例假设目标在末制导起始时刻开始常值机动飞行,在实际制导场景中这种假设可能过于理想化,因此案例 6 探究了多种制导方法面对随机阶跃机动目标时的拦截性能,因此将机动指令表达式(6-27)中目标机动的幅度 μ 和起始时间 τ 设置为分布在一定范围内的随机数。

案例 6 中 RCS、APN 和 DGL 制导律的仿真初始情况设定均与案例 1 中保持一致,PCS 制导策略下的 3 枚拦截弹初始位置均为(0m,10000m),对应的速度向量为 $v_{M_1}=(-245.05\mathrm{m/s},-316.1\mathrm{m/s})$、$v_{M_2}=(0\mathrm{m/s},-400\mathrm{m/s})$、$v_{M_3}=(245.05\mathrm{m/s},-316.1\mathrm{m/s})$。假设目标机动幅度 μ 和起始时间 τ 分别均匀分布于区间 $[-1,1]$ 和 $[0\mathrm{s},12\mathrm{s}]$ 内,对应的取值步长分别为 0.05 和 0.3,共进行 1680 次的拦截仿真。图 6.21 给出了案例 6 中 RCS、APN、DGL 和 PCS 的末段拦截脱靶量分布情况。

图 6.21 表明,当目标在机动起始时刻 t_0 时,无论其机动幅度为多少,目标均由 RCS 制导策略成功拦截,这也验证了基于可达集分析的拦截策略的有效性。计算

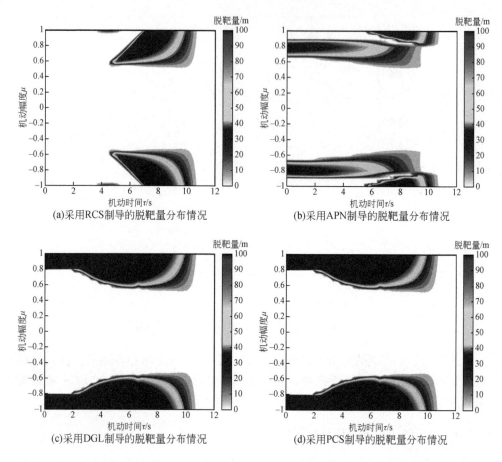

图 6.21　三弹编队应对随机阶跃机动目标的脱靶量分布情况(案例6)

拦截成功次数和总仿真次数的比率可以得到拦截成功率。根据图 6.21 计算得到的 RCS、APN、DGL 和 PCS 的拦截成功率分别为 81.72%、73.66%、70.55% 和 62.14%。在 RCS、APN 和 DGL 采用相同初始编队阵形的情况下,尽管 APN 制导中的目标加速度信息已被设定为实时准确获取(实际难以实现,因此 APN 的仿真性能已被高估),RCS 制导依然是性能最优的。DGL 制导由于没能考虑目标加速度这一信息,导致导弹在拦截过程中发生加速度饱和现象,大大降低了 DGL 的拦截性能,这与案例 3 以及文献[22]中的结果一致。PCS 制导性能不佳的主要原因是其采用的线性化运动学不适用于高机动飞行制导场景,并且在目标性能优势较大时,式(6-29)中的 PCS 拦截成功必要条件难以满足。

为了进一步分析时间滞后对制导性能的影响,导弹自动驾驶仪时延从 0.2s 分别增加到 0.5s 和 1s,时延增加后的 RCS 和 APN 拦截末端脱靶量如图 6.22 所示。

导弹自动驾驶仪时延为 0.5s 的情况下,RCS 和 APN 的拦截成功率分别为 74.28%
和 63.94%;导弹自动驾驶仪时延为 1s 的情况下,RCS 和 APN 的拦截成功率分别
为 61.18% 和 50.91%。图 6.21 和图 6.22 的对比表明,增加时间滞后性会对制导
性能造成不利影响,尽管如此,RCS 的拦截性能依然比 APN 好,并且只要目标机
动的起始时刻为末制导起始时刻,无论其机动幅度如何均可被成功拦截。

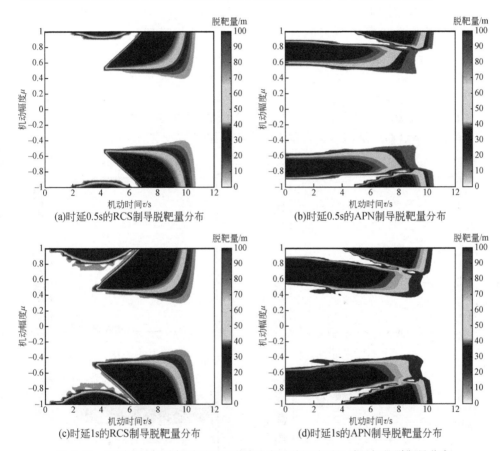

图 6.22　不同自动驾驶仪时延下三弹编队应对随机阶跃机动目标的脱靶量分布

6.4.4　拦截弹群的拓展

拓展拦截弹群可以进一步提高 RCS 制导策略的拦截性能,案例 7 展示了如何
拓展拦截弹群数量以获得更好的拦截性能。

图 6.21(a) 的脱靶量分布表明,目标逃逸的情况主要集中于 $|\mu| \in [0.5,1]$ 和
$\tau \in [6s,9s]$ 处。因此,向弹群中加入两枚新拦截弹,记为 M_4 和 M_5,通过填补目标
成功逃逸对应的机动参数分布区域来提升拦截性能。为应对目标在 $\tau = 7.5s$ 时刻

进行机动,期望在 $t=10.99$ s 时刻在 M_4、M_5 和目标之间建立一种相对几何态势,该态势中 ETL$_4$(10.99)、ETL$_5$(10.99)与目标之间的相对几何特征和 ETL$_1$(3.49)、ETL$_3$(3.49)与目标之间的相对几何特征相同。根据式(6-19)和式(6-20)中的策略,M_4 和 M_5 在初始时刻分别置于(-9838.6m,16385.1m)和(9838.6m,16385.1m)处,对应的初始航向角分别为 $\theta_{M_4}=-50°$ 和 $\theta_{M_5}=-130°$,并且 M_4 和 M_5 制导律中的触发时间设置为 $3.49+\max(7.5,t_{T,\mathrm{man}})$。此外,APN 和 DGL 采用与 RCS 相同的初始拦截编队,PCS 制导中的拦截弹群初始位置均为(0m,10000m),速度向量设置为 $\boldsymbol{v}_{M_1}=(-245.05\mathrm{m/s},-316.1\mathrm{m/s})$、$\boldsymbol{v}_{M_2}=(0\mathrm{m/s},-400\mathrm{m/s})$、$\boldsymbol{v}_{M_3}=(245.05\mathrm{m/s},-316.1\mathrm{m/s})$、$\boldsymbol{v}_{M_4}=(-103.53\mathrm{m/s},-386.37\mathrm{m/s})$ 和 $\boldsymbol{v}_{M_5}=(103.53\mathrm{m/s},-386.37\mathrm{m/s})$。

设案例 7 中的机动幅度 μ、机动开始时间 τ 的分布与案例 6 中的相同,案例 7 中 RCS、APN、DGL 和 PCS 的拦截末端脱靶量如图 6.23 所示。从图中可以看出,

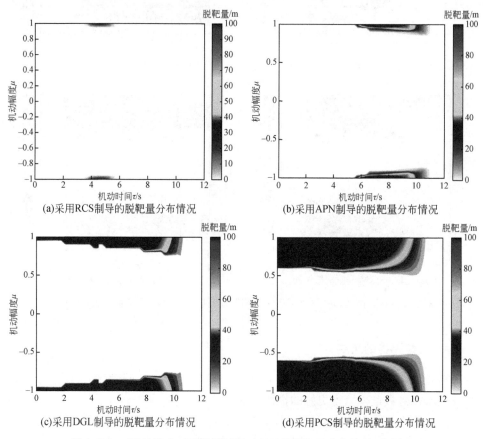

图 6.23　五弹编队应对随机阶跃机动目标的脱靶量分布情况(案例 7)

除了 PCS 之外,所有制导律的拦截性能都提高了,PCS 性能不佳的原因已在 6.4.3 节的分析中给出,根据图 6.23 换算得到的 RCS、APN、DGL 和 PCS 拦截成功率分别为 99.54%、96.34%、87.91% 和 62.18%,三对一情形(案例 6)和五对一情形(案例 7)的拦截成功率对比如图 6.24 所示,可以看出增加了两枚拦截弹后所有制导律的拦截性能大部分都提高了,其中 RCS 的拦截性能提升最大,实现了接近 100% 的目标拦截成功率。

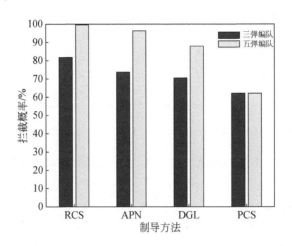

图 6.24   案例 6(三弹编队)与案例 7(五弹编队)的拦截成功率对比

6.4.5   对弹群个体性能差异的适应性

为了验证本章所提 RCS 制导策略对拦截弹群中个体性能差异的适应性,案例 8 考虑了具有两种不同性能拦截弹的弹群。此外,目标依然进行随机阶跃机动,但目标速度提高到了 800m/s。弹群中的两种导弹性能如下:速度为 400m/s、机动能力为 60m/s^2 和速度为 300m/s、机动能力为 80m/s^2,分别记为类型 1 和类型 2,这两种导弹与目标之间的 ETL 如图 6.25 所示。与图 6.5 对比可以看出,ETL 随拦截弹速度的减小而收缩,类型 1 和类型 2 导弹对目标航向角的覆盖范围记为 $\Delta\theta_{T_{C1}}$ 和 $\Delta\theta_{T_{C2}}$,其值约为 28° 和 22°,可见相应的覆盖范围也减小了。

根据航向角覆盖原则,使用类型 1 和类型 2 导弹各三枚对目标进行拦截,依次记为 M_1、M_2、M_3 和 M_4、M_5、M_6,令 M_3 位于与目标迎头碰撞的直线上,其余两枚类型 1 导弹负责目标左向机动的拦截,另外三枚类型 2 导弹负责目标右向机动的拦截。图 6.26 给出了案例 8 中多样化弹群的任务分配示意图,图中类型 1 导弹与目标之间的 ETL 用实线表示,类型 2 导弹与目标之间的 ETL 用虚线表示。

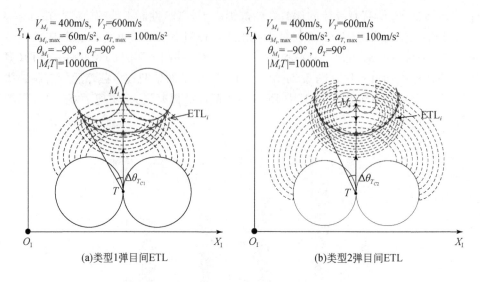

(a)类型1弹目间ETL   (b)类型2弹目间ETL

图 6.25　案例 8 中类型 1 和类型 2 导弹与加强型目标之间的 ETL

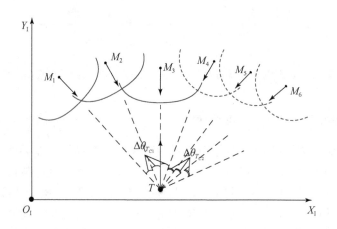

图 6.26　案例 8 中多样化弹群的任务分配示意图

依然采用式(6-19)和式(6-20)中所述的方法构造拦截编队,导弹 M_1、M_2、M_3、M_4、M_5 和 M_6 的初始位置分别位于(-13149m,8868.8m)、(-6070.3m,11417m)、(0m,10000m)、(4521.5m,11191m)、(9822.5m,10171m)和(14809m,6593.2m),对应的初始航向角分别为$-34°$、$-62°$、$-90°$、$-112°$、$-134°$和$-156°$。设目标机动幅度 μ 和机动起始时间 τ 的分布与案例 6 中的一致,经过 1680 次仿真所得的拦截末端脱靶量分布如图 6.27 所示。由于拦截弹群有两种性能不同的个体,并且分别负责目标的左向和右向机动,所以图中脱靶量在 $\mu \in [-1,0)$ 和 $\mu \in (0,1]$ 的分布并不对

称。从图 6.27(a)中可以看出,如果目标在 t_0 时刻开始机动,则无论机动幅度如何均可通过 RCS 拦截,RCS 和 APN 的拦截成功率分别为 79.66% 和 69.04%,虽然 APN 中的目标加速度估计值直接取为目标加速度真实值,其拦截性能依然不如 RCS。

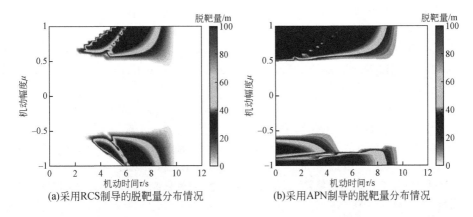

(a)采用RCS制导的脱靶量分布情况　　　　　　(b)采用APN制导的脱靶量分布情况

图 6.27　多样化弹群应对随机阶跃机动目标的脱靶量分布情况(案例 8)

以上仿真结果表明,本章所提 RCS 制导策略能够使用性能处于劣势的导弹有效拦截常值机动和随机阶跃机动的目标,并且可以通过拓展弹群规模来进一步提高拦截制导性能,此外 RCS 对弹群中个体飞行性能的差异具有适应性。在面对复杂的拦截情景时,可离线计算多种情形下的 RCS 拦截编队方案并在线运用,因此 RCS 制导策略具有优异的性能和应用潜力。

6.5　小　　结

本章基于可达集的理念提出了一种拦截高速高机动目标的新型协同制导策略,这一策略的核心是基于可达性分析的理念,通过深入研究目标与拦截弹群之间的交会几何态势,确定非线性运动学条件下实现零控脱靶量拦截的必要条件。以此为基础,将拦截弹群的数量优势转化为拦截优势,通过将拦截弹可达集覆盖目标可达集的方法来实现。

通过采用覆盖目标可达集的思想,将目标可达集分割并分配给各个拦截弹,从而构建出有利的拦截编队阵形,这个编队阵形由各个拦截弹的相对位置和航向角来描述,使得它们能够协同工作。一旦阵形形成,各拦截弹将通过末制导律和相应的触发时间实现协同飞行,从而实现多弹协同拦截的效果。

通过大量仿真实验,验证了本章提出制导方法的卓越性能。与传统制导律如

APN、TPN 和 DGL 相比,本章提出的方法在应对常值机动和随机阶跃机动目标时表现出更出色的拦截性能。同时,这一方法的灵活性使得拦截弹群规模易于拓展,对不同飞行性能的个体也具有较强的适应性,这将进一步提高实际应用中的拦截性能,为高速高机动目标的拦截提供了有力的解决方案。

参 考 文 献

[1] Dionne D, Michalska H, Rabbath C A. Predictive guidance for pursuit-evasion engagements involving multiple decoys. Journal of Guidance, Control, and Dynamics, 2007, 30(5): 1277-1286.

[2] Lawrence R V. Interceptor line-of-sight rate steering: necessary conditions for a direct hit. Journal of Guidance, Control, and Dynamics, 1998, 21(3): 471-476.

[3] Jeon I S, Lee J I, Tahk M J. Impact-time-control guidance law for anti-ship missiles. IEEE Transactions on Control Systems Technology, 2006, 14(2): 260-266.

[4] 巩学彬,余烈. 基于时频点聚类的雷达回波信号时频特性分析. 山东农业大学学报(自然科学版), 2020, 51(5): 912-914.

[5] 查月,曹玉音. 红外成像导引头抗干扰效能评估体系构建及仿真研究. 计算机测量与控制, 2023, 31(8): 300-305.

[6] 刘伟权,王程,臧彧,等. 基于遥感大数据的信息提取技术综述. 大数据, 2022, 8(2): 28-57.

[7] 马培蓓,纪军. 多导弹三维编队控制. 航空学报, 2010, 31(8): 1660-1666.

[8] 周慧波,宋申民,郑重. 导弹编队协同攻击分布式鲁棒自适应控制. 中国惯性技术学报, 2015, 23(4): 516-521.

[9] 王晓芳,郑艺裕,林海. 导弹编队飞行控制方法研究. 北京理工大学学报, 2014, 34(12): 1272-1277.

[10] Wen Y, Wu S, Liu W, et al. A collision forecast and coordination algorithm in configuration control of missile autonomous formation. IEEE Access, 2017, 5(99): 1188-1199.

[11] Wu Y J, Zhu F, Song C. Optimal discretization of feedback control in missile formation. Aerospace Science and Technology, 2017, 67: 456-472.

[12] Yang K, Wang X. Research on formation flight control for multi-missile. International Conference on Electric Information and Control Engineering, Washington D. C., 2012: 1315-1322.

[13] 韦常柱,郭继峰,崔乃刚. 导弹协同作战编队队形最优保持控制器设计. 宇航学报, 2010, 31(4): 1043-1050.

[14] Wei C, Guo J, Park S Y, et al. IFF cptimal control for missile formation reconfiguration in cooperative engagement. Journal of Aerospace Engineering, 2013, 28(3): 4014087.

[15] 黄伟,徐建城,吴佳斌,等. 导弹协同编队 H_∞ 制导律设计. 西北工业大学学报, 2017, 35(5): 767-773.

[16] 张磊,方洋旺,毛东辉,等. 导弹协同攻击编队自适应滑模控制器设计. 宇航学报, 2014,

35(6):700-707.

[17] Ramana M V, Kothari M. Pursuit strategy to capture high-speed evaders using multiple pursuers. Journal of Guidance, Control, and Dynamics, 2017, 40(1): 139-149.

[18] Chung C F, Furukawa T. A reachability-based strategy for the time-optimal control of autonomous pursuers. Engineering Optimization, 2008, 40(1): 67-93.

[19] Robb M, White B, Tsourdos A. Earliest intercept line guidance: A novel concept for improving md-course guidance in area air defence. AIAA Guidance, Navigation, and Control Conference and Exhibit, San Francisco, 2005:5971.

[20] Dubins L E. On curves of minimal length with a constraint on average curvature, and with prescribed initial and terminal positions and tangents. American Journal of Mathematics, 1957, 79(3): 497-516.

[21] Meyer Y, Isaiah P S T. On Dubins paths to intercept a moving target. Automatica, 2015, 6(53): 256-263.

[22] Su W, Shin H, Chen L, et al. Cooperative interception strategy for multiple inferior missiles against one highly maneuvering target. Aerospace Science and Technology, 2018, 80: 91-100.

[23] Zarchan P. Tactical and strategic missile guidance. Reston: American Institute of Aeronautics and Astronautics, 2012.

[24] Shaferman V S T. Cooperative multiple-model adaptive guidance for an aircraft defending missile. Journal of Guidance, Control, and Dynamics, 2010, 33(6): 1801-1813.

[25] Su W, Li K, Chen L. Coverage-based cooperative guidance strategy against highly maneuvering target. Aerospace Science and Technology, 2017, 71: 147-155.

[26] Shinar J, Turetsky V, Oshman Y. Integrated estimation/guidance design approach for improved homing against eandomly maneuvering targets. Journal of Guidance, Control, and Dynamics, 2007, 30(1): 154-161.

[27] Shima T, Shinar J. Time-varying linear pursuit-evasion game models with bounded controls. Journal of Guidance, Control, and Dynamics, 2002, 25(3): 425-432.

第7章 机载导弹防御中的发射规划与全过程仿真

7.1 概　　述

本章将 3D ITACG 中制导方法和 RCS 末制导协同方法应用于机载防御场景，并通过设计拦截规划环节来将这两种方法整合形成一套完善的机载防御拦截制导方案。同时，在六自由度仿真系统中进行验证，证明该机载防御拦截制导方案的有效性。

首先对飞行器动力学、飞行控制系统和惯性测量系统等进行建模，并对其进行建模，设计仿真系统整体架构，构建机载防御六自由度仿真系统。在拦截规划环节，首先对来袭导弹的轨迹进行预测，根据来袭弹、拦截弹双方飞行过程的匹配性选取拦截弹群的集结位置和编队阵形，协同选取拦截弹的最佳发射时机，并通过 3D ITACG 制导方法实现拦截阵形，然后进入末制导阶段，使用 RCS 协同策略对高速高机动来袭弹进行拦截，最后进行仿真验证。实验结果表明，本章设计的拦截规划环节能整合中、末制导过程，在六自由度仿真系统中能有效拦截性能占优的高速高机动目标，在实际机载防御场景中具有重要的应用价值和意义。

本章的结构安排如下：7.2 节详细介绍飞行器六自由度仿真系统的建模，包括大气模型、动力学模型和飞行控制系统等模块；7.3 节结合 3D ITACG 中制导编队和 RCS 末制导拦截方法，重点讨论拦截规划环节的设计；7.4 节对典型机载防御场景进行仿真验证；7.5 节对本章进行总结。

7.2 六自由度仿真系统建模

六自由度仿真系统的主要组成部分包括大气模型、发动机模型、气动模型、六自由度运动模型、导引头测量模型和飞行控制系统模型。六自由度仿真系统的总体架构如图 7.1 所示。

7.2.1 大气模型

大气即指地球周围的大气层，以 85km 的高度为界线可以分为低层大气和高层大气。在不同地区不同时间的大气是不同的，因此需要建立一个标准模型，这些

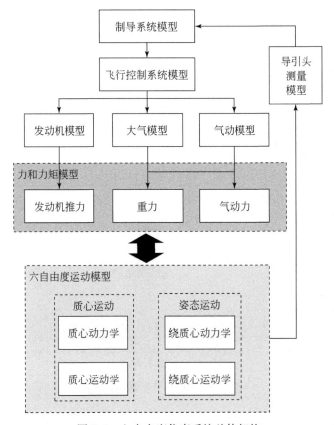

图 7.1　六自由度仿真系统总体架构

计算和实验都按照人为规定的标准换算。

目前权威的标准大气模型是 1976 年美国的标准大气模型。在建立中国标准大气模型之前,经中国国家标准局批准采用 30km 以下的美国 1976 年的标准大气模型作为中国的标准大气模型。这个标准是按照北半球中纬度地区的全年平均气象条件确定出来的,称为国际标准大气[1-3]。海平面上的标准值静温为 15℃,即 T_a = 288.15K;海平面上的标准值压强为 760mmHg,即 P_a = 101325N/m²,密度 ρ_a = 1.225kg/m³。

1. 温度

在对流层(0≤H≤11000m)随高度的增加温度的递减律是,每上升 1000m 温度下降 6.5℃[5],即

$$T = 288.15 - 0.0065H \tag{7-1}$$

在平流层下层(11000m≤H≤20000m)温度保持常数,即

$$T=216.65K \tag{7-2}$$

在平流层上层($20000m \leqslant H \leqslant 32000m$)时,每上升1000m温度上升1℃,即

$$T=216.65+0.001(H-20000) \tag{7-3}$$

温度随高度变化情况如图7.2所示。

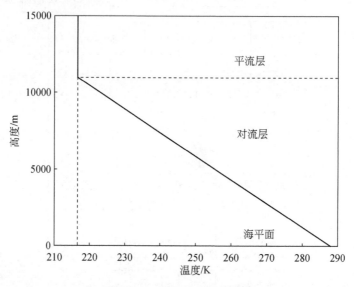

图7.2 温度随高度变化情况

2.大气压强

为了计算给定高度下的标准压力P,本章假定高度温度变化对应标准大气模型,空气是理想气体,大气压强随高度变化情况如图7.3所示。

在平流层内,到20000m为止,$T=216.65K$(常数),微分方程[3]为

$$\frac{\mathrm{d}P}{P}=-\frac{G}{RT}\mathrm{d}y=-\frac{g}{216.65R}\mathrm{d}y \tag{7-4}$$

在平流层内,从20000m到30000m,$T=216.65K+0.001K/m(y-20000)$($y$为高度,单位:m),微分方程为

$$\frac{\mathrm{d}P}{P}=-\frac{1}{0.001RT}\frac{g}{T}\frac{\mathrm{d}T}{T} \tag{7-5}$$

3.密度

为了计算给定高度的标准密度ρ,空气被设定为理想气体,因此在已知高度下可以获得标准密度[5]为

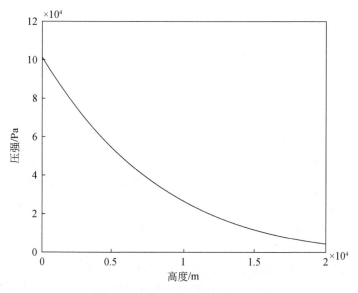

图 7.3　大气压强随高度变化情况

$$\rho = \frac{P}{RT} \tag{7-6}$$

其中,R 为气体通用常数,取值为 287.053J/(kg·K);P 为大气压强,hPa;T 为热力学温度,K。

大气密度随高度变化情况如图 7.4 所示。

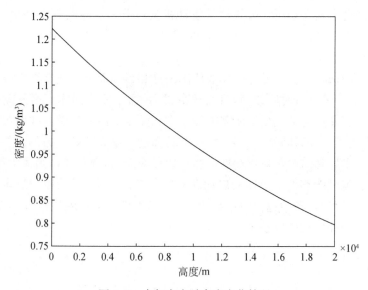

图 7.4　大气密度随高度变化情况

7.2.2　发动机模型

为导弹飞行提供推力的整套装置称导弹动力装置,它主要由发动机和推进剂供应系统两大部分组成,其核心是发动机。导弹发动机有很多种,通常分为火箭发动机和吸气喷气发动机两大类。

火箭发动机是最常见的导弹动力装置之一。它使用内部储存的燃料和氧化剂,通常为液体燃料或固体燃料,通过燃烧产生高速喷射的废气,借助废气的反冲力来推动导弹前进。

吸气喷气发动机是另一种导弹动力装置。它依赖于大气中的氧气,不需要携带氧化剂,因此可以做相对轻便的设计。吸气喷气发动机通过将空气压缩、加热和喷射来产生推力,然而它需要导弹具有足够的起始速度,以便在高速飞行时有效运作,因为它无法在静止状态下启动。

火箭发动机自身携带氧化剂和燃烧剂,因此适用于在大气层内和大气层外飞行的导弹。火箭发动机是独立的,不依赖于大气中的氧气,因此可以在真空中和高空环境中工作,适用于各种导弹任务,包括太空探测器、洲际弹道导弹和卫星发射器等。吸气喷气发动机只携带燃烧剂,需要依赖空气中的氧气,主要用于在大气层内飞行的导弹,其性能受限于大气条件,不适合在大气层外执行任务,通常用于巡航导弹等需要在大气中飞行的导弹类型中。

导弹的发动机类型可以根据其推进剂的物理状态以及工作原理进一步分类[4]。火箭发动机按其推进剂的物理状态可分为液体火箭发动机、固体火箭发动机和固液混合火箭发动机。吸气喷气发动机又可分为涡轮喷气发动机、涡轮风扇喷气发动机以及冲压喷气发动机。此外,还有由火箭发动机和吸气喷气发动机组合而成的组合发动机。

发动机的选择要根据导弹的作战使用条件和目标而定。战略弹道导弹在大气层外飞行,由于其飞行时间较短,且需要高推力,通常使用固体火箭发动机或液体火箭发动机在弹道主动段提供所需的加速度和速度。战略巡航导弹因其在大气层内飞行,发动机工作时间长,大多选择具有较高的效率和续航能力的涡轮风扇喷气发动机。战术导弹需要具备机动性能和快速反应能力,通常选择固体火箭发动机,这种发动机类型能够提供快速的启动和高度机动的能力,适合用于战术应用。在空面导弹、反舰导弹和中远程空空导弹中,也逐步推广使用涡轮喷气发动机、涡轮风扇发动机和冲压喷气发动机。

1. 质量变化

用固体火箭发动机推进的火箭其发动机由固体推进剂、药柱、燃烧室壳体、喷管和点火装置组成。用液体火箭发动机推进的火箭其动力装置包括推进剂储箱和液体火箭发动机两部分。液体火箭发动机由推力室、推进剂输送系统和发动机控制系统等组成。

与液体火箭发动机相比,固体推进剂火箭发动机的结构更为简单,使用操作也更为简单,但使用前无法进行检查,推力不能任意改变。本章以固体推进剂火箭发动机为例进行分析。

导弹在飞行过程中,不断消耗推进剂,推进剂通常采用复合推进剂和双基(double base,DB)推进剂,整个固体火箭发动机的工作过程是使整个导弹质量不断减小的过程。根据导弹质量随工作时间的变化来建立有关时间 t 的发动机模型[5,6]为

$$\frac{\mathrm{d}m}{\mathrm{d}t} = -\mu \tag{7-7}$$

$$m(t) = \begin{cases} m_0 - \int_0^t \mu \mathrm{d}t, & t \leqslant t_{en} \\ m_0 - m_{fu}, & t > t_{en} \end{cases} \tag{7-8}$$

其中,m_{fu} 和 t_{en} 分别为燃料质量和发动机最大工作时间;μ 为导弹单位时间内燃料组元质量消耗量和其他物质质量消耗量总和,对于固体火箭发动机来说,其通常由燃速、燃面、装药几何形状等的大小决定。质量消耗遵守质量守恒定律,单位时间从燃烧表面放出的气体推进剂质量等于燃烧室中单位时间内气体质量容积的变化与喷管流出质量之和,即

$$A_b r \rho_b = \frac{\mathrm{d}(P_1 V_1)}{\mathrm{d}t} + \frac{A_t P_1}{C^*} \tag{7-9}$$

其中,A_b 为装药燃面;ρ_b 为推进剂密度;A_t 为喷管喉部面积;r 为燃烧速度,在一定压力条件下,可以近似为燃烧室压强的函数[5,6],即

$$r = a P_1^n \tag{7-10}$$

稳态燃烧时可以忽略单位时间内气体质量容积的变化即 $\frac{\mathrm{d}(P_1 V_1)}{\mathrm{d}t}$,由经验关系式[5]可得稳定燃烧的压力公式为

$$P_1 = \rho_b K r C^* \tag{7-11}$$

其中,$K \approx \frac{A_b}{A_t}$ 为无量纲参数,表示燃烧面积与喷管面积之比,通常稳定流动和燃烧时 K 保持不变。

$$\frac{\mathrm{d}m}{\mathrm{d}t} = -\mu = -A_b \rho_b a P_1^n \tag{7-12}$$

将式(7-12)代入式(7-8)可得

$$m(t) = \begin{cases} m_0 - \int_0^t A_b \rho_b a P_1^n \mathrm{d}t, & t \leqslant t_{en} \\ m_0 - m_{fu}, & t > t_{en} \end{cases} \tag{7-13}$$

2. 推力

推力是导弹飞行的主要动力,由发动机内的燃气流以高速喷射产生的反作用力驱动导弹前进。导弹可以采用不同类型的发动机,如火箭发动机和航空发动机,以满足不同的任务需求,不同类型的发动机具有不同的推力特性和优势。

火箭推力是发动机产生的燃气流经尾喷管喷出,对内部火箭壳体施加的轴向合力。同时,火箭在飞行过程中还会受到外部空气流动的影响,包括空气静力和空气动力。

燃气流对内壁的轴向合力是构成火箭推力的主要成分,由于反作用原理,燃气喷出会产生与之相等的反作用力,推动火箭前进。空气静力是由大气压力分布和火箭的形状、尺寸等因素决定的,对火箭外表面产生轴向合力。这个合力称为静推力,也是构成火箭总推力的一部分。空气动力则取决于火箭的飞行速度、角速度、姿态、外形和尺寸等因素。虽然在确定总推力时通常不考虑空气动力,但不能忽略空气动力在飞行控制和稳定性上发挥的作用。火箭发动机的推力值可以用下式确定[5,6]:

$$P = m_c u_e + S_A (p_a - p_H) \tag{7-14}$$

其中,m_c 为单位时间内燃料的消耗量;u_e 为燃气在喷管出口处的平均有效喷出速度;S_A 为发动机喷管出口处的横截面积;p_a 为发动机喷管出口处燃气流静压强;p_H 为导弹所处高度的大气静压强。

从式(7-14)可以看出,火箭发动机推力 P 只与导弹的飞行高度有关,而与导弹的其他运动参数无关,它的大小主要取决于发动机的性能参数。

式(7-14)中的第一项是由燃气流以高速喷出而产生的推力,称为反作用力或动推力;第二项是由发动机喷管出口处的燃气流静压强 p_a 与大气静压强 p_H 的压差引起的推力,称为静推力。

火箭发动机的地面推力可以通过地面发动机实验来获得。图 7.5 给出了典型的固体火箭发动机的推力与时间的关系曲线[4]。

随着导弹飞行高度的增加,推力有所增加,航空喷气发动机的推力特性不像火箭发动机那样简单,航空喷气发动机推力的大小与导弹的飞行高度、马赫数、飞行速度、攻角等参数关系密切。

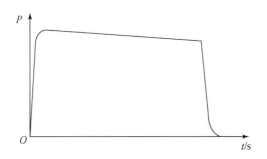

图 7.5　固体火箭发动机的推力与时间的关系曲线

7.2.3　飞行器运动六自由度模型

1. 作用于飞行器的力和力矩

作为刚体的导弹在空间运动的六自由度模型为三个质心运动的动力学方程和三个绕质心转动的动力学方程。

作用在飞行器上的力和力矩包括重力 mg、发动机推力 P、空气阻力 F_D、升力 F_L、侧向力 F_C、滚转力矩 M_x、俯仰力矩 M_y 和偏航力矩 M_z，其计算表达式为

$$F_D = C_x qs \tag{7-15}$$

$$F_L = (C_z^\alpha \alpha + C_z^{\delta_y} \delta_y) qs \tag{7-16}$$

$$F_C = (C_y^\beta \beta + C_y^{\delta_z} \delta_z) qs \tag{7-17}$$

$$M_x = (m_x^{\delta_x} \delta_x + m_x^{\varpi_x} \bar\omega_x) qsL \tag{7-18}$$

$$M_y = (m_y^\alpha \alpha + m_y^{\varpi_y} \bar\omega_y + m_y^{\delta_y} \delta_y) qsL \tag{7-19}$$

$$M_z = (m_z^\beta \beta + m_z^{\varpi_z} \bar\omega_z + m_z^{\delta_z} \delta_z) qsL \tag{7-20}$$

其中，q 为空气动压；s 为飞行器参考面积；L 为特征长度；δ_x、δ_y 和 δ_z 分别为飞行器机体坐标系三个轴对应的舵偏角；C_x 为阻力系数；C_z^α、$C_z^{\delta_y}$ 分别为升力系数对攻角和舵偏的偏导数；C_y^β、$C_y^{\delta_z}$ 分别为侧向力系数对侧滑角和舵偏的偏导数；m_y^α、$m_y^{\varpi_y}$ 和 $m_y^{\delta_y}$ 分别为俯仰力矩系数对攻角（飞行器纵轴与气流方向的夹角）α、无量纲俯仰角速度 $\bar\omega_y$ 和 δ_y 的偏导数；m_z^β、$m_z^{\varpi_z}$ 和 $m_z^{\delta_z}$ 分别为俯仰力矩系数对侧滑角（飞行器对称面与气流方向的夹角）β、无量纲偏航角速度 $\bar\omega_z$ 和 δ_z 的偏导数；$m_x^{\delta_x}$、$m_x^{\varpi_x}$ 分别为滚转力矩系数对 δ_x 和无量纲滚转角速度 $\bar\omega_x$ 的偏导数。

2. 飞行器质心运动方程

根据飞行力学原理[7,8]，质心动力学方程在速度坐标系下的表达式为

$$
\begin{cases}
m\dfrac{\mathrm{d}v}{\mathrm{d}t}=P\cos\alpha\cos\beta-F_{\mathrm{D}}-mg\sin\theta_v \\[2mm]
mv\dfrac{\mathrm{d}\theta_v}{\mathrm{d}t}=P(\sin\alpha\cos\gamma_v+\cos\alpha\sin\beta\sin\gamma_v)+F_{\mathrm{L}}\cos\gamma_v-F_{\mathrm{C}}\sin\gamma_v-mg\cos\theta_v \\[2mm]
-mv\cos\theta_v\dfrac{\mathrm{d}\psi_v}{\mathrm{d}t}=P(\sin\alpha\sin\gamma_v-\cos\alpha\sin\beta\cos\gamma_v)+F_{\mathrm{L}}\sin\gamma_v+F_{\mathrm{C}}\cos\gamma_v
\end{cases}
\tag{7-21}
$$

其中,m 为飞行器质量;P 为发动机推力;θ_v、ψ_v、γ_v 分别为航迹俯仰角、航迹偏航角和航迹滚转角;α、β 分别为飞行器攻角和侧滑角;F_{D}、F_{L} 和 F_{C} 分别为阻力、升力和侧向力。

　　飞行器质心的运动直接决定了飞行轨迹,以地理坐标系为参考坐标系,记飞行器的坐标为 (x,y,z),则飞行器的质心运动学方程为

$$
\begin{cases}
\dfrac{\mathrm{d}x}{\mathrm{d}t}=v\cos\theta_v\cos\psi_v \\[2mm]
\dfrac{\mathrm{d}y}{\mathrm{d}t}=v\sin\theta_v \\[2mm]
\dfrac{\mathrm{d}z}{\mathrm{d}t}=-v\cos\theta_v\sin\psi_v
\end{cases}
\tag{7-22}
$$

3. 飞行器姿态运动方程

根据飞行力学原理[7,8],飞行器绕质心转动动力学方程为

$$
\begin{cases}
I_x\dfrac{\mathrm{d}\omega_x}{\mathrm{d}t}+(I_z-I_y)\omega_y\omega_z=M_x \\[2mm]
I_y\dfrac{\mathrm{d}\omega_y}{\mathrm{d}t}+(I_x-I_z)\omega_x\omega_z=M_y \\[2mm]
I_z\dfrac{\mathrm{d}\omega_z}{\mathrm{d}t}+(I_y-I_x)\omega_x\omega_y=M_z
\end{cases}
\tag{7-23}
$$

其中,ω_x、ω_y 和 ω_z 分别为飞行器机体坐标系相对地理坐标系的转动角速度在飞行器机体坐标系各轴的分量;I_x、I_y 和 I_z 分别为飞行器对机体坐标系各轴的转动惯量。

　　飞行器绕质心转动的运动学方程为

$$
\begin{cases}
\dfrac{\mathrm{d}\theta}{\mathrm{d}t}=\omega_y\sin\gamma+\omega_z\cos\gamma \\[2mm]
\dfrac{\mathrm{d}\psi}{\mathrm{d}t}=\omega_y\dfrac{\cos\gamma}{\cos\theta}-\omega_z\dfrac{\sin\gamma}{\cos\theta} \\[2mm]
\dfrac{\mathrm{d}\gamma}{\mathrm{d}t}=\omega_x-\tan\theta(\omega_y\cos\theta-\omega_z\sin\gamma)
\end{cases}
\tag{7-24}
$$

其中,θ、ψ 和 γ 为飞行器姿态角,分别对应俯仰角、偏航角和滚转角。

4. 坐标与角度几何关系方程

研究导弹制导和控制问题所涉及的坐标系有地理坐标系、弹体坐标系、弹道坐标系和速度坐标系。其中，弹道坐标系和速度坐标系的 X 轴与速度矢量重合。弹道坐标系的 Y 轴在铅垂面内而速度坐标系的 Y 轴在弹体纵向对称面内。因此，地理坐标系、弹体坐标系、弹道坐标系和速度坐标系四个坐标系之间可以通过旋转来完成相互转换。选择适当的坐标系不仅能够正确地描述导弹的运动，还能够使描述运动表达式简单进而简化运算过程[7]。

地理坐标系 $O\text{-}X_dY_dZ_d$：地理坐标系是与地球表面固连的坐标系。坐标系原点 O 通常选取在导弹发射点；OX_d 轴指向可以是任意的，对于地面目标而言，OX_d 轴通常是弹道面与水平面的交线，指向目标为正；OY_d 轴与 OX_d 轴垂直，位于过 O 点的包含 OX_d 的铅垂面内，指向上为正；OZ_d 轴与其他两轴垂直并满足右手定则。

弹体坐标系 $O\text{-}X_1Y_1Z_1$：弹体坐标系与弹体固连是动坐标系。坐标系的原点 O 取在导弹的质心上；OX_1 轴与弹体纵轴重合，指向头部为正；OY_1 轴位于弹体纵向对称面内与 OX_1 轴垂直，指向上为正；OZ_1 轴垂直于 OX_1Y_1 平面，方向按右手直角坐标系确定。

弹道坐标系 $O\text{-}X_2Y_2Z_2$：弹道坐标系与导弹速度矢量 V 固连是动坐标系。弹道坐标系的原点 O 取在导弹的瞬时质心上；OX_2 轴与导弹速度矢量 V 重合；OY_2 轴位于包含速度矢量 V 的铅垂面内垂直于 OX_2 轴，指向上为正；OZ_2 轴垂直于其他两轴并构成右手坐标系。

速度坐标系 $O\text{-}X_3Y_3Z_3$：速度坐标系与导弹速度矢量固连是动坐标系。坐标系的原点 O 取在导弹的质心上；OX_3 轴与导弹质心的速度矢量 V 重合；OY_3 轴位于弹体纵向对称面内与 OX_3 轴垂直，指向上为正；OZ_3 轴垂直于 OX_3Y_3 平面，其方向按右手直角坐标系确定。

速度坐标系、弹体坐标系、地理坐标系和弹道坐标系存在角度的转换关系，如图 7.6 所示。弹体坐标系可以在地理坐标系的基础上通过三个姿态角 θ、ψ、γ 得到准确描述；速度坐标系可以在弹体坐标系的基础上用攻角 α 和侧滑角 β 得到准确描述；弹道坐标系可以在速度坐标系的基础上用航迹滚转角 γ_v 来准确描述；地理坐标系可以在弹道坐标系的基础上用航迹倾斜角 θ_v 和航迹方位角 ψ_v 计算得到。

若已知具体的地理坐标系，那么可以通过 θ、ψ、γ、α 和 β 五个独立的角度参数确定速度坐标系，也可以通过 θ_v、ψ_v 和 γ_v 三个角度参数确定，后者的三个参数可以由前五个参数构成的三个角度几何关系方程描述，式（7-25）所示为本章所构建的六自由度的几何角度关系方程。另外，角度几何关系方程可依照其他计算需要表示成如球面三角、四元素法等其他形式。

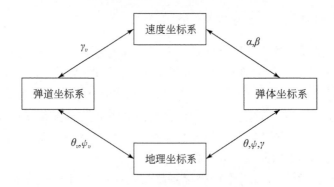

图 7.6　常用坐标系之间的转换关系

$$\sin\beta = \cos\theta_v(\cos\gamma\sin(\psi-\psi_v)+\sin\theta\sin\gamma\cos(\psi-\psi_v))-\sin\theta_v\cos\theta\sin\gamma$$
$$\cos\alpha = (\cos\theta\cos\theta_v\cos(\psi-\psi_v)+\sin\theta\sin\theta_v)/\cos\beta \qquad (7\text{-}25)$$
$$\cos\gamma_v = (\cos\gamma\cos(\psi-\psi_v)-\sin\theta\sin\gamma\sin(\psi-\psi_v))/\cos\beta$$

7.2.4　导引头测量模型

　　本章设定导弹和目标的空间三维地理坐标为(x_m,y_m,z_m)、(x_T,y_T,z_T),导弹和目标的速度向量为(v_{mx},v_{my},v_{mz})、(v_{Tx},v_{Ty},v_{Tz}),进一步计算得到弹目相对位置向量(x_r,y_r,z_r)和弹目相对速度向量(v_{rx},v_{ry},v_{rz})为

$$(x_r,y_r,z_r)=(z_T-x_m,y_T-y_m,z_T-z_m) \qquad (7\text{-}26)$$
$$(v_{rx},v_{ry},v_{rz})=(v_{Tx}-v_{mx},v_{Ty}-v_{my},v_{Tz}-v_{mz}) \qquad (7\text{-}27)$$

其中,弹目视线转动角速度为Ω,弹目视线转动角速度的方向可根据弹目位置向量(x_r,y_r,z_r)、弹目相对速度向量(v_{rx},v_{ry},v_{rz})按右手法则确定,导引头测量模型为

$$\Omega_x = \frac{y_r v_{rz}-z_r v_{ry}}{r^2}$$

$$\Omega_y = \frac{z_r v_{rx}-x_r v_{rz}}{r^2}$$

$$\Omega_z = \frac{x_r v_{ry}-y_r v_{rx}}{r^2}$$

$$r^2 = x_r^2+y_r^2+z_r^2$$

$$\dot{r} = \frac{x_r v_{rx}+y_r v_{ry}+z_r v_{rz}}{\sqrt{x_r^2+y_r^2+z_r^2}}$$

$$\dot{\sigma}_{az} = \sin\psi_v\Omega_x+\cos\psi_v\Omega_z$$

$$\dot{\sigma}_{elv} = -\sin\theta_v\cos\psi_v\Omega_x+\cos\theta_v\Omega_y+\sin\theta_v\sin\psi_v\Omega_z \qquad (7\text{-}28)$$

其中,$\dot{\sigma}_{az}$、$\dot{\sigma}_{elv}$分别为弹目视线角速度在弹体坐标系偏航、俯仰方向上的分量。

7.2.5　飞行控制系统模型

飞行器的控制模型通常包括俯仰通道控制、偏航通道控制和滚转通道控制,飞行控制系统可以依据过载指令计算出俯仰、偏航和滚转的舵偏指令以达到期望的过载。采用侧滑转弯控制方式的过载指令到舵偏的控制方程为

$$\delta_{yc} = K_1 \int (n_{xc} - n_z)\mathrm{d}t - K_2\omega_y \tag{7-29}$$

$$\delta_{zc} = K_3 \int (n_{yc} - n_y)\mathrm{d}t - K_4\omega_z \tag{7-30}$$

$$\delta_{xc} = K_5(\gamma_c - \gamma) - K_6\omega_x \tag{7-31}$$

式(7-29)~式(7-31)分别计算了俯仰舵偏 δ_{yc}、偏航舵偏 δ_{zc}、滚转舵偏 δ_{xc},其中 $K_1 \sim K_6$ 为相应的控制增益,n_{yc}、n_y 分别为偏航过载指令和偏航过载,n_{xc}、n_z 分别为俯仰过载指令和俯仰过载,γ_c、γ 分别为期望滚转角和滚转角。

7.3　衔接中末制导的发射数量与时间规划

在实际场景中,将拦截弹群的中制导编队方法和末制导协同拦截策略衔接起来至关重要。整个机载防御过程可以分为三个关键阶段:①选择最佳时机发射多枚拦截弹;②让拦截弹群飞行至来袭弹周围,形成适当的编队阵形;③实施拦截弹群的协同作战,共同完成来袭弹的拦截任务。三个阶段的顺利衔接与协调对保证机载防御系统的有效性至关重要。机载防御的全过程流程图如图 7.7 所示。

7.3.1　拦截规划

拦截规划是将中末制导整合并实现机载防御的关键步骤,其主要涵盖三个核心内容:来袭弹轨迹的预测、备选拦截阵形的获取以及确定拦截阵形和各拦截弹的最佳发射时机。

1. 来袭弹轨迹预测

确保多枚拦截弹以适当的编队阵形同时抵达来袭弹头附近是非常重要的,要实现这一目标,关键在于选择合适的发射时机,而发射时机的选择又取决于对来袭弹头运动状态和飞行轨迹的准确预测[9]。下面将对这一问题展开分析。

在本章的机载防御场景中,载机不需要进行机动飞行来应对来袭弹,因此载机的飞行轨迹是固定的。在本章的仿真系统中,假设来袭弹是智能化程度较高的先进空空导弹[10]并设定如下性能参数:

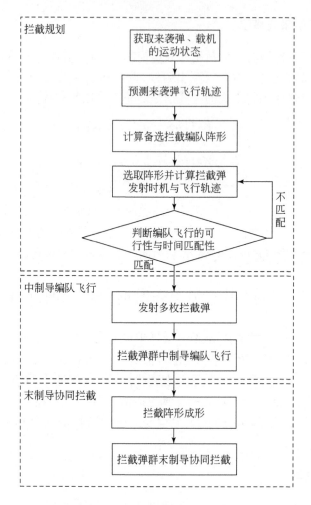

图 7.7　机载防御的全过程流程图

（1）飞行马赫数为 2.5；

（2）最大过载能力 40g；

（3）导弹采用工程领域广泛使用的 PN 制导律攻击载机，但当其侦测到拦截弹时会进行机动突防，导弹的侦测范围被设定为 4km。

基于以上假设，可根据来袭弹和载机的当前运动状态，通过算法 7.1 计算得到来袭弹从当前时间至击中载机时刻的飞行轨迹。

依据算法 7.1 预测来袭弹轨迹的示例，如图 7.8 所示。图中的来袭弹从约 45km 距离、5km 高度发射攻击载机，而载机在 10km 高度沿 Y 轴飞行。

算法 7.1　来袭弹轨迹预测算法

1. 测量来袭弹当前速度v_T、位置$r_T(x_T,y_T,z_T)$，载机当前速度v_A、位置$r_A(x_A,y_A,z_A)$

2. while $V_{c,TA} \leqslant 0$ do

3. 计算视线向量：$r_{TA}=r_A-r_T$

4. 计算相对速度向量：$v_{TA}=v_A-v_T$

5. 计算接近速度向量：$V_{c,TA}=-r_{TA} \cdot v_{TA}/|r_{TA}|$

6. 计算视线角速度：$\Omega_{TA}=r_{TA} \times v_{TA}/(r_{TA} \cdot r_{TA})$

7. 计算来袭弹制导指令：$a_{\text{cmd},T}=-N \cdot |v_{TA}| \cdot r_{TA} \times \Omega_{TA}/|r_{TA}|$

8. 计算新的速度向量：$v_T=v_T+a_{\text{cmd},T} \cdot dt$，$v_A=v_A+a_{\text{cmd},A} \cdot dt$

9. 计算新的位置：$r_T=r_T+v_T \cdot dt$，$r_A=r_A+v_A \cdot dt$

10. end while

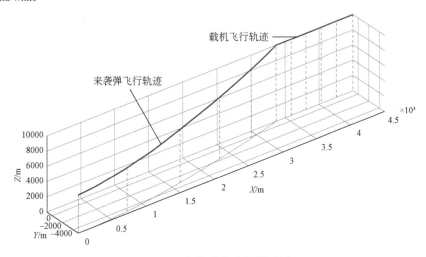

图 7.8　来袭弹轨迹预测示例

2. 备选拦截阵形计算

未来时刻的拦截弹数量、阵形中各弹的位置及速度向量的编队阵形可以通过来袭弹的预测飞行轨迹计算得到。拦截编队阵形的参数需要基于来袭弹和拦截弹的具体性能进行计算。在六自由度仿真飞行过程中，飞行器的速度和过载能力会发生变化。因此，在拦截阵形计算中，双方的速度和机动能力取值采用飞行过程中的平均速度和过载能力，具体数值如表 7.1 所示。

表 7.1　拦截弹和来袭弹的飞行性能参数

飞行器类型	飞行速度/(m/s)	机动能力/(m/s²)
拦截弹	400	250
来袭弹	800	400

　　PN 制导等传统制导律通常适用于攻击静止目标或机动能力较差的目标,如攻击地面建筑物或水面舰艇。这些制导方法的导弹通常相对于目标具有速度和机动能力的绝对优势,因此对于相对缓慢、难以机动的目标,这些传统的制导方式通常能够提供精准的命中。这种性能占优的情况下,导弹通过预先计算好的飞行路径来实现对目标的命中,不需要太多的动态调整或追踪。但在表 7.1 中拦截弹和来袭弹的飞行性能上差距较大,拦截弹的飞行速度仅为来袭弹的 50%、机动能力仅为来袭弹的 62.5%,在面对高性能来袭弹的情况下,如果拦截弹采用传统的 PN 或其扩展型制导律,则可以预见拦截成功率将很低。因此,需要采用多弹协同的拦截策略,以提高对高性能来袭弹的拦截成功率。根据表 7.1 中飞行性能参数和式 (6-12)计算得到的 ETL 如图 7.9 所示,其中来袭弹与拦截阵形的最短距离设置为 4km,即来袭弹与阵形正中央的拦截弹距离为 4km,参考第 6 章中计算 ETL 的方法,通过计算 ETL 在来袭弹侦测范围外实现拦截编队。

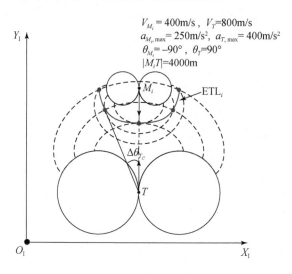

$V_{M_i} = 400\text{m/s}$, $V_T = 800\text{m/s}$
$a_{M_i,\max} = 250\text{m/s}^2$, $a_{T,\max} = 400\text{m/s}^2$
$\theta_{M_i} = -90°$, $\theta_T = 90°$
$|M_i T| = 4000\text{m}$

图 7.9　拦截弹与来袭弹的 ETL

　　通过如图 7.9 所示的 ETL 分布情况可知,单个拦截弹的 ETL_{M_i} 能覆盖的来袭弹航向角的范围约为 $[-21.5°, 21.5°]$,即 $\Delta\theta_{T_C} = 21.5°$。根据来袭弹的机动性能假定其航向角范围为 $[-60°, 60°]$,因此我方的拦截弹群要想完成覆盖来袭弹的航向角范围,根据式(6-24)计算至少需要 5 枚拦截弹。

　　本章研究的协同拦截与第 6 章研究的协同拦截存在一些不同。第 6 章设定二维情景下的协同拦截,本章扩展到三维场景,需要根据三维场景与二维情景的差异进行调整。

　　对协同编队的平面选取也需要考虑来袭弹与拦截弹群所形成的碰撞轨迹。

因为来袭弹的攻击目标为载机,且在制导后期通常会形成近似平行接近的碰撞轨迹,故本章将拦截弹协同编队的平面设置为来袭弹的位置速度和向量 $r_T + v_T$ 与载机的位置速度和向量 $r_A + v_A$ 共同组成的平面,该平面法向量 N_{normal} 的计算表达式为

$$N_{normal} = (r_T + v_T) \times (r_A + v_A) \tag{7-32}$$

在选定拦截弹的协同编队平面后,可以通过类似式(6-19)和式(6-20)中的计算方法,得到拦截阵形中各弹的位置和速度向量等信息,拦截弹弹群里的各个拦截弹的单位速度向量可以由来袭弹速度向量绕拦截编队平面法向量通过 Rodrigues 旋转公式[11]计算得到,其计算表达式为

$$v_{M_i} = -[\cos\Delta\theta_{M_i} v_T + (1 - \cos\Delta\theta_{M_i})(v_T \cdot N_{normal}) N_{normal} \tag{7-33}$$
$$+ \sin\Delta\theta_{M_i} \times v_T], \quad i = 1, 2, \cdots, 5$$

式中

$$\Delta\theta_{M_1} = 2\Delta\theta_{T_C}$$
$$\Delta\theta_{M_2} = \Delta\theta_{T_C}$$
$$\Delta\theta_{M_3} = 0 \tag{7-34}$$
$$\Delta\theta_{M_4} = -\Delta\theta_{T_C}$$
$$\Delta\theta_{M_5} = -2\Delta\theta_{T_C}$$

拦截弹弹群里的各个拦截弹的位置计算表达式为

$$r_{M_i} = r_T + r_{p,M_i} \sqrt{r_{O_T}^2 (2 - 2\cos\Delta\theta_{M_i})}$$
$$r_{p,M_i} = \cos\Delta\theta_{p,M_i} v_T + (1 - \cos\Delta\theta_{p,M_i})(v_T \cdot N_{normal}) N_{normal} + \sin\Delta\theta_{p,M_i} \times v_T$$
$$\Delta\theta_{p,M_i} = \arctan \frac{1 - \cos\Delta\theta_{M_i}}{\sin\Delta\theta_{M_i}} \tag{7-35}$$

其中,r_{O_T} 为来袭弹的最小转弯半径;r_{p,M_i} 为拦截弹 M_i 相对于来袭弹的相对位置向量。

通过来袭弹的预测轨迹以及式(7-32)~式(7-35)可以计算出未来时刻拦截弹群里各个拦截弹相应的期望位置与速度方向,可以预测得到在来袭弹轨迹基础上选取的多个时间节点下的拦截弹群形成的阵形,每个阵形之间的时间间隔设置为 5s,弹群阵形中 M_3 与来袭弹的距离最近为 4km,如图 7.10 所示。

3. 阵形选取与发射时机

确定拦截弹群阵形需要考虑时间、角度及过载等影响因素。在来袭弹预测轨迹基础上,可以获取不同时间节点的拦截弹群阵形,然而并非所有阵形都可以实现,在三维中制导飞行中需要满足如下的时间/角度约束和过载约束:

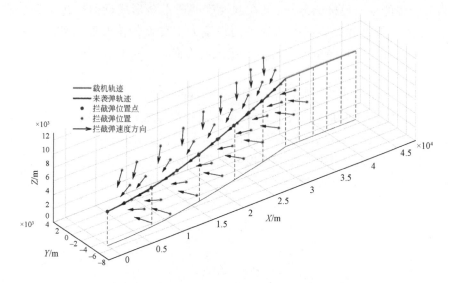

图 7.10　沿来袭弹飞行轨迹变化的拦截弹编队阵形

$$\lim_{t \to t_f} x_m \to x_t \quad \lim_{t \to t_f} y_m \to y_t \quad \lim_{t \to t_f} z_m \to z_t \quad \lim_{t \to t_f} \theta_m \to \theta_{mf} \quad \lim_{t \to t_f} \psi_{mf} \to \psi_{mf} \tag{7-36}$$

设拦截弹和目标位置坐标为 (x_m, y_m, z_m) 和 (x_t, y_t, z_t)，导弹速度为 V，θ_{m0} 和 ψ_{m0} 分别为初始俯仰角和偏航角，期望的终端角度记为 θ_{mf} 和 ψ_{mf}。

　　另外，三维中制导飞行过程中的俯仰加速度 a_{zm} 和偏航加速度 a_{ym} 的过载约束条件为

$$\sqrt{a_{zm}^2(t) + a_{ym}^2(t)} \leqslant a_{\max} \tag{7-37}$$

　　一方面过载约束决定了编队飞行的可行性，即拦截弹能否在有限过载能力下沿设计轨迹飞行；另一方面根据 ITACG 制导律，针对图 7.10 中某一位置的阵形可以计算出每一枚拦截弹从发射到进入阵形就位的可行时间范围，进而获得弹群实现拦截阵形的可行时间范围。

　　弹群实现拦截阵形需要确定拦截弹群实现编队阵形的时间与拦截过程所需的时间是否匹配。如果它们不匹配，需要调整拦截弹发射时机来使其与编队成形的时间相匹配。如果拦截弹发射时机只能延后而不能提前，那么就需要重新选择匹配时间及编队阵形，直到获得满足可行性与时间匹配性的拦截编队，编队阵形与发射时间的计算如算法 7.2 所示。算法中 t_0、t_f 分别为探测到的来袭弹时刻和来袭弹击中载机时刻；Δt 为阵形的时间计算步长；n 为拦截弹数量；$|\kappa(s)|_{\max,i}$ 为拦截弹 M_i 飞行轨迹的最大曲率；$a_{\max,i}$ 和 V_{M_i} 为 M_i 的加速度上限和速度。

算法 7.2　编队阵形与各弹发射时间的获取算法

1. 获取来袭弹的预测轨迹 $r_T(t)$ 和速度向量 $v_T(t)$，以及载机轨迹 $r_A(t)$ 和速度向量 $v_A(t)$，$t \in [t_0, t_f]$

2. for $t = t_0 : \Delta t : t_f$ do

3. for $i = 1 : n$

4. 根据式(7-32)计算阵形平面法向量

5. 根据式(7-33)～式(7-35)计算阵形中 M_i 的位置和速度方向

6. 根据式(5-27)和式(5-28)计算拦截弹 M_i 的飞行轨迹和时间范围 $[t_{fmin,i}, t_{fmax,i}]$

7. if $|\kappa(s)|_{max,i} \leqslant a_{max,i} / V_{M_i}^2$ or $t < t_{fmin,i}$

8. break

9. end

10. if $t > t_{fmax,i}$

11. 调节 M_i 发射时间，使 $t \in [t_{fmin,i}, t_{fmax,i}]$，结束计算

12. end

13. end for

14. end for

7.3.2　拦截弹的中末制导

根据表 7.3 中的算法确定拦截阵形和各弹发射时间后，使用算法 5.6 所述方法进行弹群中制导编队飞行。

第 6 章中的末制导协同拦截末制导律设计为

$$a_{M_i} = \begin{cases} a_{M_i, max} \operatorname{sgn}(\text{ZEM}_i^*), & t \geqslant t_i \\ 0, & \text{其他} \end{cases} \tag{7-38}$$

其中，t_i 为触发时间，是实现协同的关键要素。

和本章其他从二维平面得到的结论一样，该末制导协同拦截应用到三维情景，末制导律还需要拓展成三维情景下适用的形式，根据 7.2.3 节设定的侧滑转弯控制方式，还需要解算出俯仰加速度指令 a_{pc} 和偏航加速度指令 a_{yc}，根据文献[12]～[15]，在三维情景式(6-18)可以改写为

$$a_{pc,i} = \begin{cases} \dfrac{a_{max,i} |\dot{a}_{pc,i}|}{\sqrt{|\dot{a}_{pc,i}|^2 + |\dot{a}_{yc,i}|^2}} \operatorname{sgn}(N v_{c,i} \dot{\sigma}_{p,i}), & t \geqslant t_i \\ 0, & \text{其他} \end{cases}$$

$$a_{yc,i} = \begin{cases} \dfrac{a_{max,i} |\dot{a}_{yc,i}|}{\sqrt{|\dot{a}_{pc,i}|^2 + |\dot{a}_{yc,i}|^2}} \operatorname{sgn}(N v_{c,i} \dot{\sigma}_{y,i}), & t \geqslant t_i \\ 0, & \text{其他} \end{cases} \tag{7-39}$$

$$\dot{a}_{pc,i} = N v_{c,i} \dot{\sigma}_{p,i}$$

$$\dot{a}_{yc,i} = N v_{c,i} \dot{\sigma}_{y,i}$$

其中，$\dot{\sigma}_{p,i}$ 和 $\dot{\sigma}_{y,i}$ 分别为来袭弹相对于拦截弹 M_i 的俯仰和偏航视线角速度；N 为制导系数；$v_{c,i}$ 为相应的弹目接近速度；t_i 为拦截弹 M_i 的末制导律触发时间。将来袭弹速度 $V_T=800\mathrm{m/s}$、来袭弹过载能力 $a_{T,\max}=400\mathrm{m/s^2}$、拦截弹数量 $n=5$、拦截弹覆盖能力 $\Delta\theta_{T_C}=21.5°$ 代入式(6-22)，可以计算出各拦截弹的制导触发时间为

$$t_i=t_0+0.75|i-3|+t_{T,\mathrm{man}} \tag{7-40}$$

7.4　仿真结果与分析

7.4.1　仿真参数设置

本节对仿真条件及相关参数进行设定。

(1)来袭弹的模型设定参考美国先进空空导弹 AIM-120[16-18]，该弹弹长为 3.65m，弹径为 178mm，参考面积为 0.0249m²，其平均飞行性能参数如表 7.1 所示，即来袭弹平均飞行速度为 800m/s、最大加速度为 400m/s²；以末制导初始态势为基准，来袭弹的航向角范围限制为 $[-60°,60°]$，则根据

$$\Delta t=\frac{V_T\Delta\theta_{T_C}}{a_{T,\max}} \tag{7-41}$$

可得对应最大常值机动的时间为 2.25s；拦截弹仅在与载机形成的碰撞轨迹所在平面做机动飞行；来袭弹对拦截弹的探测距离为 4km，即拦截阵形成形前来袭弹不会因拦截弹运动做机动飞行；来袭弹的初始位置为(0m,−5000m,5000m)，单位速度方向向量为(1,0,0)；来袭弹的发动机推力曲线、质量曲线如图 7.11 所示[19]，其中来袭弹的气动参数使用 DATCOM 软件[20,21]计算得到，该软件已广泛用于飞行器气动参数的工程计算中[22-24]。

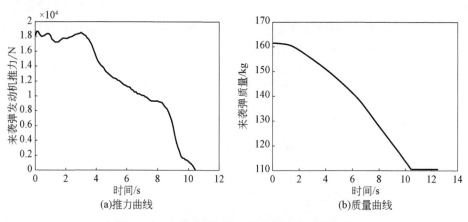

图 7.11　来袭弹的发动机推力曲线和质量曲线

    DATCOM 在气动力的计算中使用经验公式和理论方法相结合的方法,输入飞行条件、参考量、轴对称布局、机身突出物、舵描述量、翼面倾角、配平、进气口、实验数据等参数,对来袭弹弹体和弹翼的参考面积、参考长度、质心位置等气动参数分别进行估算,再使用不同的组合系数和方法组合完成,最后得到该来袭弹的气动参数。

    (2)拦截弹的平均飞行性能参数如表 7.1 所示,拦截弹的平均飞行速度为 400m/s、最大加速度为 250m/s^2;由于拦截弹从载机发射,其初始位置在发射时刻同载机;发射方向可调,M_1、M_2、M_3 在发射时刻的速度方向向量为 $(-1,3,1)$,M_4、M_5 在发射时刻的速度方向向量为 $(-1,-3,-1)$;拦截弹的发动机推力曲线和质量曲线如图 7.12 所示,拦截弹的几何外形及气动参数参考文献[25]、[26]中的导弹模型。

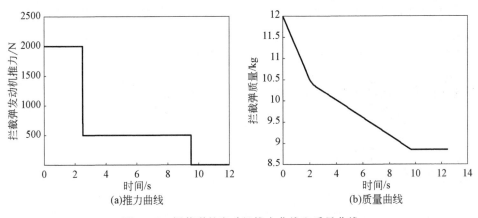

图 7.12　拦截弹的发动机推力曲线和质量曲线

    (3)来袭弹与拦截弹迎头相距 4000m 时的 ETL 如图 7.9 所示,拦截弹对来袭弹的航向角覆盖范围 $\Delta\theta_{T_C}$ 约为 21.5°。

    (4)载机的平均飞行速度为 250m/s,采用定高飞行策略保持定高飞行[27-29],不受来袭弹的攻击影响作机动飞行。

    (5)在六自由度仿真模型中,导弹飞行速度与重力、过载耦合,精确控制拦截弹的飞行时间十分困难,这也是 ITACG 制导律研究均采用常值速度模型[30-34]的原因,因此本章制导编队仿真中的拦截弹模型为常值速度的质点模型。

    (6)拦截弹的战斗部毁伤半径为 10m,当来袭弹、拦截弹距离小于该值时视作拦截成功;当所有拦截弹与来袭弹的相对速度均为正时,仿真结束。

7.4.2 拦截常值机动的来袭弹

    根据 7.4.1 节的仿真参数设定,首先使用算法 7.1 预测来袭弹的飞行轨迹

（图 7.8），相应的可选拦截阵形如图 7.10 所示，然后使用算法 7.2 得到编队阵形，该编队阵形对应的来袭弹位置为（29540m，−139m，9132m），对应的飞行时间为 $t=41.5\text{s}$，相应的几何参数如表 7.2 和图 7.13 所示。

表 7.2　拦截阵形的几何参数

拦截弹	位置/m	速度方向向量
M_1	（32980，4124，12260）	（−0.4866，−0.7041，−0.5171）
M_2	（33620，2449，11020）	（−0.7730，−0.5122，−0.3744）
M_3	（33347，859，9848）	（−0.9517，−0.2495，−0.1789）
M_4	（34724，−296，8980）	（−0.9980，0.0475，0.0420）
M_5	（35420，−1950，7742）	（−0.9054，0.3374，0.2577）

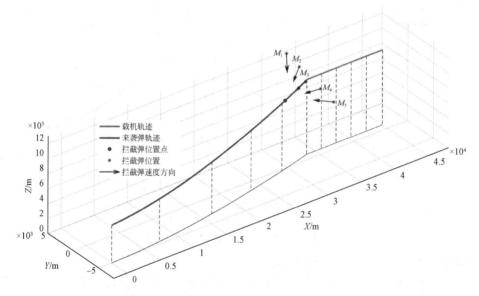

图 7.13　拦截阵形中各弹的位置和速度方向向量

为实现上述拦截阵形，根据算法 7.2 得到拦截弹 M_1、M_2、M_3、M_4 和 M_5 的发射时间和各弹到达阵形中就位时间范围如表 7.3 所示。

表 7.3　拦截弹发射时间与到达阵形就位时间范围

拦截弹	发射时间/s	阵形就位时间范围/s
M_1	0	［40.3，46.2］
M_2	6	［36.6，51.4］

拦截弹	发射时间/s	阵形就位时间范围/s
M_3	26	$[40.5,42.38]$
M_4	32	$[40.3,43.6]$
M_5	23	$[39.3,44.2]$

从表 7.3 可以得出,拦截弹群的阵形达成时间区间为 $\bigcap_{i=1}^{5}[t_{\mathrm{fmin},i},t_{\mathrm{fmax},i}]=[40.5\mathrm{s},42.38\mathrm{s}]$,期望的阵形达成时间位于该区间内,即期望的拦截阵形可以实现。

首先使用算法 7.3 计算得到所需的轨迹。

算法 7.3　满足终端角度和到达时间的单弹飞行算法

1. 根据期望的终端角度 (θ_{mf},ψ_{mf}),使用式(5-27)和式(5-28)计算飞行时间下限 t_{fmin} 和上限 t_{fmax}
2. 从时间范围 $[t_{\mathrm{fmin}},t_{\mathrm{fmax}}]$ 中选取到达时间 t_{f}
3. 通过求解最小化问题式(5-29)得到对应的轨迹切换点 S
4. 使用算法 5.3 生成俯仰加速度和偏航加速度指令

然后使用算法 7.4 控制导弹沿设计轨迹飞行。

算法 7.4　Lookahead 三维轨迹跟踪算法

1. for 每个时间步长 do
2. 获取当前参考轨迹点 $W_i(x_1,y_1,z_1)$、下一个参考轨迹点 $W_{i+1}(x_2,y_2,z_2)$、导弹在惯性坐标系中的当前位置 $M(x,y,z)$ 及其俯仰角 θ 和偏航角 ψ
3. 计算 $\alpha_y \leftarrow \arctan\left(\dfrac{W_{i+1}(2)-W_i(2)}{W_{i+1}(1)-W_i(1)}\right)$
4. 计算 $W_i^R \leftarrow R_Z(-\alpha_y)W_i$,$W_{i+1}^R \leftarrow R_Z(-\alpha_y)W_{i+1}$
5. 计算 $\alpha_z \leftarrow \arctan\left(\dfrac{W_{i+1}^R(3)-W_i^R(3)}{W_{i+1}^R(1)-W_i^R(1)}\right)$
6. 计算轨迹跟踪偏差 $e=R_Y(-\alpha_z)R_Z(-\alpha_y)(M-W_i)$
7. 根据式(5-30)和式(5-31)计算俯仰加速度和偏航加速度指令
8. end for

经过仿真实验,拦截弹群飞行轨迹、飞行加速度随时间变化曲线及飞行航迹角随时间变化曲线分别如图 7.14～图 7.16 所示。拦截弹群的飞行轨迹曲线表明所有拦截弹均成功到达了阵形中的指定位置;拦截弹群飞行加速度曲线表明飞行过程中均没有发生加速度饱和现象,且每个拦截弹在中制导末段时刻的加速度都等于 0,这表明拦截弹均成功进入了直线飞行阶段。图 7.16 中星号代表初始角度,三角符号代表期望角度,图中曲线表明各拦截弹均在 $t=41.5\mathrm{s}$ 时实现了期望的航向角,拦截弹群通过中制导编队实现了期望的拦截阵形。

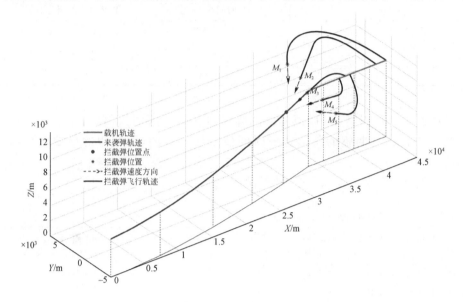

图 7.14　拦截弹群中制导编队过程的飞行轨迹

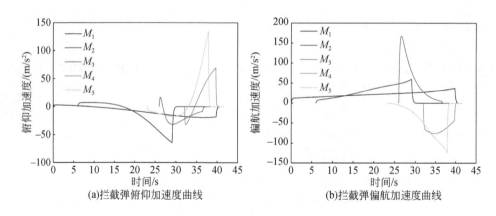

(a)拦截弹俯仰加速度曲线　　　　　　　(b)拦截弹偏航加速度曲线

图 7.15　拦截弹群中制导飞行的加速度曲线

　　弹群通过中制导飞行形成如图 7.14 所示的拦截阵形后,立即切换为末制导进行协同拦截,为验证本章所提 RCS 协同拦截策略的有效性,在末制导拦截的仿真中将 DGL 制导律[35]、APN 制导律[36] 和 RCS 制导律进行了对比。

　　DGL 制导律是应对目标机动并提高拦截效率的一种有效手段,其由微分对策在理论上的最优性而应用于制导律。通过监测目标的动态变化,DGL 制导律允许导弹调整其轨迹和控制策略,以适应目标的机动,以最小化性能指标(如相对速度、

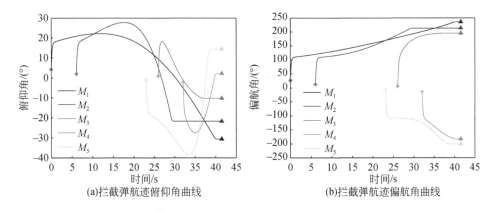

(a)拦截弹航迹俯仰角曲线　　　　　(b)拦截弹航迹偏航角曲线

图 7.16　拦截弹群中制导飞行的航迹角曲线

相对距离或时间)来确保拦截成功。微分对策是一种双边的最优控制问题,其状态方程为

$$\dot{x} = Fx + Gu + Cw \tag{7-42}$$

其中,x 为状态变量;u 为导弹控制策略;w 为目标机动策略;F、G、C 为状态矩阵。

　　APN 制导律是由传统动力学微分方程所推导的导弹相对速度矢量的角速度与拦截目标的瞄准线的角速度成比例的导引方法。算法的基本思想是:通过设计合理的法向加速度指令,使导弹速度矢量的旋转角速度与弹目视线角的旋转角速度成比例,从而达到抑制视线角速度的目的。对目标、拦截弹的运动状态限制非常小,可化简得到

$$\frac{\dot{\sigma}_{\mathrm{m}}}{\dot{q}} = \frac{1}{\sin^2 \eta_{\mathrm{m}}} \tag{7-43}$$

　　机载防御场景一:来袭弹在末制导过程中在点$(29540\mathrm{m}, -139\mathrm{m}, 9132\mathrm{m})$处探测到拦截弹,并以最大加速度 $400\mathrm{m/s^2}$ 在其与载机形成的碰撞轨迹平面做常值机动飞行。拦截弹群采用 DGL 作为末制导律应对机动来袭弹并进行拦截。来袭弹、拦截弹的性能及其他相关仿真参数设定见 7.4.1 节。

　　如图 7.17 所示的场景一中拦截弹群和来袭弹对应的全过程飞行轨迹表示拦截弹虽然有拦截阵形作为末制导基础,但来袭弹还是利用其高性能的机动能力和速度逃脱了拦截弹群的协同拦截,这说明来袭弹将继续对其攻击目标进行攻击。机载防御场景一下的拦截弹群的俯仰加速度和偏航加速度随时间变化曲线、航迹俯仰角和航迹偏航角随时间变化曲线分别如图 7.18 和图 7.19 所示。图 7.17 中曲线表明,拦截弹与来袭弹之间并未形成碰撞轨迹,说明了场景一中拦截弹采用 DGL 末制导律拦截失败。

　　机载防御场景二:来袭弹在末制导过程中在点$(29540\mathrm{m}, -139\mathrm{m}, 9132\mathrm{m})$处探

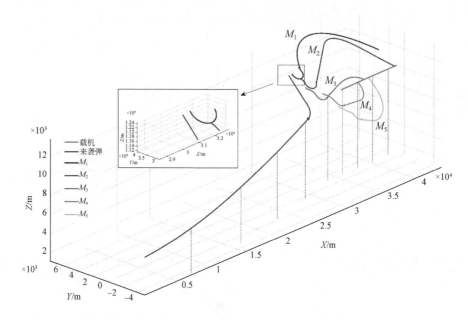

图 7.17　拦截弹群采用 DGL 末制导律的全过程拦截轨迹(场景一)

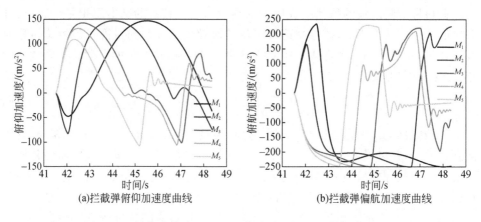

(a)拦截弹俯仰加速度曲线　　　　　　　(b)拦截弹偏航加速度曲线

图 7.18　拦截弹群采用 DGL 末制导律的加速度曲线(场景一)

测到拦截弹,并以加速度 320m/s² 在其与载机形成的碰撞轨迹平面做常值机动飞行。拦截弹群采用 APN 作为末制导律应对机动来袭弹并进行拦截,且 APN 中的目标加速度项设置为真实值。来袭弹、拦截弹的性能及其他相关仿真参数设定见7.4.1节。

　　如图 7.20 所示的场景二中拦截弹群和来袭弹对应的全过程飞行轨迹表示虽然有拦截阵形作为末制导基础,但是来袭弹还是利用高性能的机动能力和速度逃

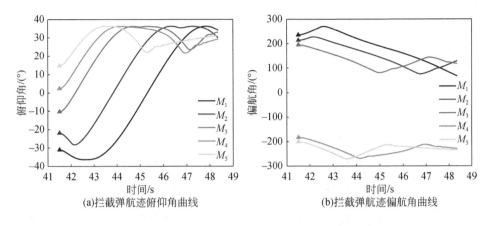

图 7.19 拦截弹群采用 DGL 末制导律的航迹角曲线(场景一)

脱了拦截弹群的围堵,这说明来袭弹将继续对其攻击目标进行攻击。机载防御场景二下的拦截弹群的俯仰加速度和偏航加速度随时间变化曲线、航迹俯仰角和航迹偏航角随时间变化曲线如图 7.21 和图 7.22 所示。图 7.20 中曲线表明,拦截弹与来袭弹之间并未形成碰撞轨迹,说明了场景二中拦截弹采用 APN 末制导律拦截失败。

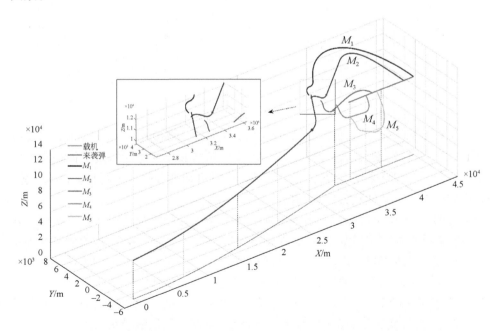

图 7.20 拦截弹群采用 APN 末制导律的全过程拦截轨迹(场景二)

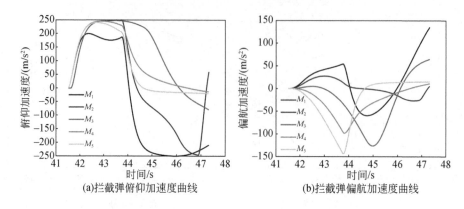

图 7.21　拦截弹群采用 APN 末制导律飞行的加速度曲线(场景二)

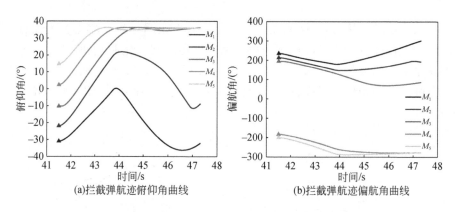

图 7.22　拦截弹群采用 APN 末制导律的航迹角曲线(场景二)

机载防御场景三:来袭弹在末制导过程中在点(29540m,−139m,9132m)处探测到拦截弹,并以最大加速度 400m/s² 在其与载机形成的碰撞轨迹平面做常值机动飞行。拦截弹群采用 RCS 作为末制导律应对机动来袭弹并进行拦截。来袭弹、拦截弹的性能及其他相关仿真参数设定见 7.4.1 节。

如图 7.23 所示的场景三中拦截弹群和来袭弹对应的全过程飞行轨迹曲线表示以拦截阵形为末制导基础,拦截弹能够成功拦截机动的来袭弹,这说明来袭弹将不能继续对其攻击目标产生威胁。机载防御场景三下的拦截弹群的俯仰加速度和偏航加速度随时间变化曲线、航迹俯仰角和航迹偏航角随时间变化曲线分别如图 7.24 和图 7.25 所示。图 7.23 中曲线表明,在末段时刻拦截弹与来袭弹之间形成了碰撞轨迹,证实了场景三中拦截弹采用 RCS 末制导律拦截成功。

机载防御场景四:来袭弹在末制导过程中在点(29540m,−139m,9132m)处探

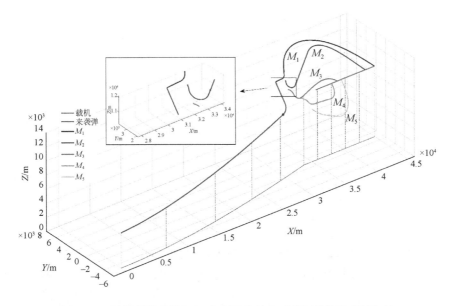

图 7.23　拦截弹群采用 RCS 末制导律的全过程拦截轨迹（场景三）

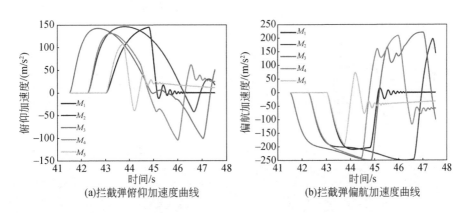

(a)拦截弹俯仰加速度曲线　　(b)拦截弹偏航加速度曲线

图 7.24　拦截弹群采用 RCS 末制导律的加速度曲线（场景三）

测到拦截弹，并以加速度 320m/s² 在其与载机形成的碰撞轨迹平面做常值机动飞行。拦截弹群采用 RCS 作为末制导律应对机动来袭弹并进行拦截。来袭弹、拦截弹的性能及其他相关仿真参数设定见 7.4.1 节。

如图 7.26 所示的场景四中拦截弹群和来袭弹对应的全过程飞行轨迹曲线表示以拦截阵形为末制导基础，拦截弹成功拦截了机动来袭弹，这说明来袭弹将不能继续对其攻击目标产生威胁。机载防御场景四下的拦截弹群的俯仰加速度和偏航加速度随时间变化曲线、航迹俯仰角和航迹偏航角随时间变化曲线分别如图 7.27

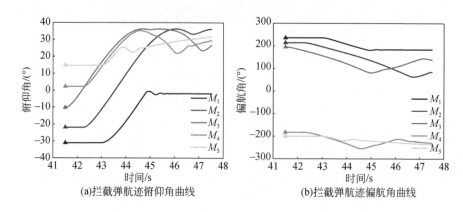

图 7.25　拦截弹群采用 RCS 末制导律的航迹角曲线(场景三)

和图 7.28 所示。图 7.26 中曲线表明,在末段时刻拦截弹与来袭弹之间形成了碰撞轨迹,证实了场景四中协同拦截的成功,验证了 RCS 协同制导策略的有效性。

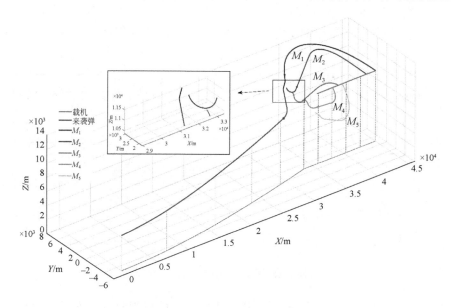

图 7.26　拦截弹群采用 RCS 协同制导的全过程拦截轨迹(场景四)

　　上述四个机载防御场景的仿真结果表明,RCS 的拦截能力最佳。在相同的末制导起始态势、拦截编队情况条件下,RCS 能够相比于传统制导律 DGL 和 APN 表现出更好的拦截效果。RCS 协同拦截策略可以充分利用拦截弹数量上的优势弥补自身性能不足,实现对高性能常值机动目标用低性能拦截弹的高效拦截。

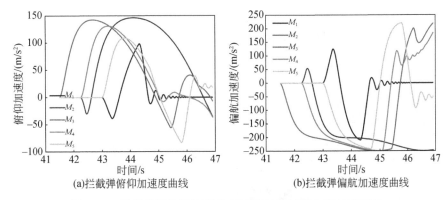

图 7.27　拦截弹群采用 RCS 协同制导的加速度曲线（场景四）

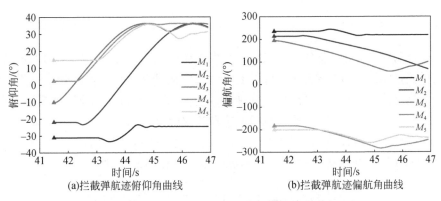

图 7.28　拦截弹群采用 RCS 协同制导的航迹角曲线（场景四）

7.4.3　拦截随机阶跃机动的来袭弹

在 7.4.2 节的机载防御场景中，来袭弹机动方式为常值机动，本节针对随机阶跃机动的来袭弹，进行拦截仿真和分析。机动时间 τ 和机动幅度 μ 为随机阶跃机动的两个机动参数，本节设末制导过程中来袭弹随机阶跃机动的参数 τ 和 μ 分别均匀分布于区间 $[0s,6s]$ 和 $[-1,1]$ 内，对应的取值步长分别为 0.15 和 0.05。

机载防御场景五：来袭弹在末制导过程中在点（29540m，−139m，9132m）处探测到拦截弹，并在末制导期间进行了上述随机阶跃机动飞行。拦截弹群采用 DGL 作为末制导律应对机动来袭弹并进行拦截。来袭弹、拦截弹的性能及其他相关仿真参数设定见 7.4.1 节。

根据机动参数设置，总进行 1681 次仿真实验，其中脱靶量小于 10m 的仿真次数为 1299 次，拦截成功率为 77.28%，脱靶量分布如图 7.29 所示。

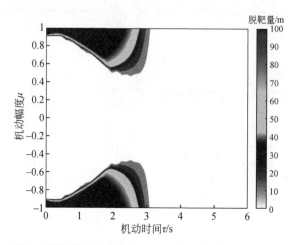

图 7.29　DGL 末制导律应对随机阶跃机动目标的脱靶量分布情况(场景五)

　　机载防御场景六:来袭弹在末制导过程中在点(29540m,−139m,9132m)处探测到拦截弹,并在末制导期间进行了上述随机阶跃机动飞行。拦截弹群采用 APN 作为末制导律应对机动来袭弹并进行拦截,且 APN 中的目标加速度项设置为真实值。来袭弹、拦截弹的性能及其他相关仿真参数设定见 7.4.1 节。

　　根据机动参数设置,总进行 1681 次仿真实验,其中脱靶量小于 10m 的仿真次数为 1427 次,拦截成功率为 84.89%,脱靶量分布如图 7.30 所示。

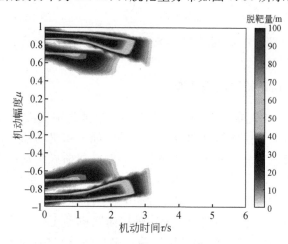

图 7.30　APN 末制导律应对随机阶跃机动目标的脱靶量分布情况(场景六)

　　机载防御场景七:来袭弹在末制导过程中在点(29540m,−139m,9132m)处探测到拦截弹,并在末制导期间进行了上述随机阶跃机动飞行。拦截弹群采用 RCS

作为末制导律应对机动来袭弹并进行拦截。来袭弹、拦截弹的性能及其他相关仿真参数设定见 7.4.1 节。

根据机动参数设置,总进行 1681 次仿真实验,其中脱靶量小于 10m 的仿真次数为 1485 次,拦截成功率为 88.34%,脱靶量分布如图 7.31 所示。图中脱靶量分布表明,若来袭弹在末制导初始时刻进行机动(即 $\tau=0$),则无论机动幅度 μ 取何值,均可被成功拦截,这也验证了第 6 章中可达集分析的有效性。

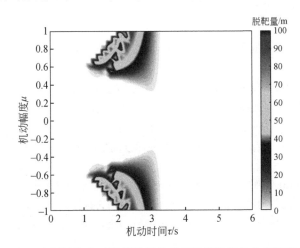

图 7.31　RCS 末制导律应对随机阶跃机动目标的脱靶量分布情况(场景七)

本节针对上述三个不同的机载防御场景的仿真结果验证了 RCS 出色的拦截能力。在相同末制导起始态势、拦截编队情况下,RCS 取得了相比于传统制导律 DGL 和 APN 更好的拦截效果,RCS 协同拦截策略可以充分利用拦截弹数量上的优势弥补自身性能不足,实现对高性能随机阶跃机动目标用低性能拦截弹的高效拦截。

7.5　小　　结

本章针对机载防御设计了一种拦截规划环节,将 3D ITACG 中的制导编队和 RCS 末制导拦截方法有机地整合成完善的机载防御方案,并通过六自由度仿真系统进行了验证。在建立飞行器六自由度运动模型、导引头测量模型、飞行控制系统模型和发动机模型等关键模型后,构建了机载防御仿真系统。在拦截规划环节中,首先对来袭弹轨迹进行预测并基于此计算出不同时间节点下对应的拦截阵形;其次考虑阵形达成时间、最大飞行过载等约束,进行了编队飞行的可行性和时间匹配性计算;然后提出了一种通过协调发射时机促成中制导编队成形的方法;最后采用 RCS 协同策略进行拦截。仿真结果表明,通过本章所提拦截规划环节,成功将 3D

ITACG 中的制导和 RCS 末制导方法整合并应用,将拦截弹数量优势转化为拦截效果的优势,所述制导方法相对于传统制导律获得了更好的拦截效果,验证了本章所提制导方法在实际运用中的可行性和有效性。本章所述制导方法有望显著提升我方飞机的生存能力,保障机载人员的安全并具备重要的运用价值和研究意义。

参 考 文 献

[1] 张小达,张鹏,李小龙,等.《标准大气与参考大气模型应用指南》介绍. 航天标准化,2010, (3):8-11.

[2] NOAA, NASA, USAF. US Standard Atmosphere. Washington D. C.: Government print office,1976.

[3] 钟华飞. 平流层飞艇压力控制系统的建模与仿真. 上海:上海交通大学,2008.

[4] Sutton G P, Biblarz O. Rocket Propulsion Elements[M]. 9th ed. Hoboken:John Wiley,2016.

[5] 徐华舫. 空气动力学基础. 北京:北京航空学院出版社,1987.

[6] 卜昭献,王春光,李宏岩. 战术导弹与火箭固体发动机技术概论. 北京:北京理工大学出版社,2020.

[7] 李新国,方群. 有翼导弹飞行动力学. 西安:西北工业大学出版社,2005.

[8] 胡小平,吴美平,王海丽. 导弹飞行力学基础. 长沙:国防科技大学出版社,2006.

[9] Shi H, Zhu J, Kuang M, et al. Predictive guidance strategies for active aircraft defense. AIAA Scitech 2019 Forum, San Diego,2019:2343.

[10] 刘侃. 世界导弹大全. 北京:军事科学出版社,2011.

[11] Loh C, Huang Y, Hsiung W, et al. Vibration-based identification of rotating blades using Rodrigues' rotation formula from a 3-D measurement. Wind and Structures,2015,21(6): 677-691.

[12] Adler F P. Missile guidance by three-dimensional proportional navigation. Journal of Applied Physics,1956,27(5): 500-507.

[13] Imado F. Some aspects of a realistic three-dimensional pursuit-evasion game. Journal of Guidance, Control, and Dynamics,1993,16(2): 289-293.

[14] Song S, Ha I. A Lyapunov-like approach to performance analysis of 3-dimensional pure PNG laws. IEEE Transactions on Aerospace and Electronic Systems,1994,30(1): 238-248.

[15] Chiou Y, Kuo C. Geometric approach to three-dimensional missile guidance problem. Journal of Guidance, Control, and Dynamics,1998,21(2): 335-341.

[16] 吕长起,胡金城. AIM-120 空空导弹先进技术简析. 航空兵器,1994,(2): 51-55.

[17] 樊会涛,王秀萍,任淼,等. 美国"先进中距空空导弹"AIM-120 的发展及启示(1). 航空兵器, 2015,(1):3-9,22.

[18] Hewson R. Raytheon boosted as Nammo takes on AMRAAM production. Janes Missiles & Rockets,2013,17(4):13.

[19] Bonds R, Miller D. The Illustrated Directory of Modern American Weapons. Minneapolis:

Zenith Press,2002.

[20] Sooy T J,Schmidt R Z. Aerodynamic predictions,comparisons,and validations using missile DATCOM (97) and Aeroprediction 98 (AP98). Journal of Spacecraft & Rockets,2005, 42(2)：257-265.

[21] 鲁生,方松柏. 一种用于寻常的导弹空气动力预估的部件装配技术：Missile DATCOM. 现代防御技术,1991,(2)：67-72.

[22] 韩京霖,王铮,陈光学. 基于 Datcom 软件的巡航靶弹气动估算. 弹箭与制导学报,2012, 32(3)：174-177.

[23] Yang W,Chen X,Li X,et al. Development and verification of a common software DATCOM for missile aerodynamic force calculation. Journal of Solid Rocket Technology,2006, 29(3)：161.

[24] Zhang W,Wang Y,Liu Y. Aerodynamic study of theater ballistic missile target. Aerospace Science and Technology,2013,24(1)：221-225.

[25] 李竞元. 带有约束的导弹制导控制技术研究. 北京：北京理工大学,2016.

[26] 李涧青. 远程空空导弹复合制导与控制问题研究. 哈尔滨：哈尔滨工业大学,2014.

[27] 金岳,宋金来,王维军. 跟踪微分器在某无人机定高控制律设计中的应用. 飞行力学,2008, 26(3)：82-85.

[28] 曲东才,谢孔树. 一种飞机低空下滑定高控制方案改进设计及仿真. 海军航空工程学院学报,2010,25(4)：416-420.

[29] 马云飞,朱菲菲. 某后推式全动平尾电动手抛无人机的定高控制设计. 现代电子技术,2015, (13)：13-15.

[30] Lee J,Jeon I,Tahk M. Guidance law to control impact time and angle. IEEE Transactions on Aerospace and Electronic Systems,2007,43(1)：301-310.

[31] Harl N,Balakrishnan S N. Impact time and angle guidance with sliding mode control. IEEE Transactions on Control Systems Technology,2012,20(6)：1436-1449.

[32] Kim T,Lee C,Jeon I,et al. Augmented polynomial guidance with impact time and angle constraints. IEEE Transactions on Aerospace and Electronic Systems, 2013, 49 (4)： 2806-2817.

[33] Zhang Y,Ma G L A. Guidance law with impact time and impact angle constraints. Chinese Journal of Aeronautics,2013,26(4)：960-966.

[34] Jung B,Kim Y. Guidance laws for anti-ship missiles using impact angle and impact time. AIAA Guidance,Navigation,and Control Conference and Exhibit,Colorado,2006：1-13.

[35] Shinar J,Turetsky V,Oshman Y. Integrated estimation/guidance design approach for improved homing against eandomly maneuvering targets. Journal of Guidance,Control,and Dynamics,2007,30(1)：154-161.

[36] Zarchan P. Tactical and strategic missile guidance. Reston：American Institute of Aeronautics and Astronautics,2012.